Halwart Schrader
Joachim Kuch
Typenkompass VW – Band 1
Personenwagen seit 1945

Halwart Schrader
Joachim Kuch

Typen
kompass

VW

Personenwagen seit 1945

Band 1

Motor
buch
Verlag

Einbandgestaltung: Andreas Pflaum

Bildnachweis: Stiftung Automuseum Wolfsburg; Volkswagen AG; Wilhelm Karmann GmbH; Archiv Schrader; Archiv Kuch; Archiv Transpress-Verlag; Archiv Porsche AG

ISBN 3-613-02105-6

1. Auflage 2001

Innengestaltung: Marit Wolff
Reproduktion: digi bild reinhardt, 73037 Göppingen
Druck: Henkel-Druck, 70435 Stuttgart
Bindung: Nething Buchbinderei, 73235 Weilheim/Teck
Printed in Germany

Inhalt

Vorwort

Die in diesem ersten Band der Typenkompass-Reihe enthaltenen Volkswagen-Automobile von 1945 bis heute sind nach ihren Baugruppen geordnet. Im ersten Band handelt es sich um die Fahrzeuge, die auf Käfer- und Golf-Bodengruppe aufgebaut sind. Innerhalb dieser Gruppen wurde, soweit es sinnvoll erschien, chronologisch vorgegangen. Die Vorstellung erfolgt nach typischen Erkennungsmerkmalen, wobei es innerhalb der Typenreihen natürlich auch stets zahlreiche Ausstattungs- und Motorisierungsvarianten gibt. Die Begleittexte führen die wesentlichsten auf, ebenso enthalten sie weitere Angaben, z. B. zu einem nachfolgenden Modellwechsel oder zu Karosserievarianten. Aus Platzgründen lässt sich nicht jedes einzelne Modell im Bild zeigen, doch die wichtigsten und interessantesten Fahrzeuge sind jeweils mit einem Foto vertreten, das den Wagen in seiner Originalbeschaffenheit wiedergibt.
Die technischen Beschreibungen beschränken sich auf die Nennung der Hauptdaten und enthalten gegebenenfalls Vermerke zu Motor-Alternativen, die vor allem in jüngerer Zeit dem VW-Programm eine sehr große Bandbreite verleihen.

Auf Sonderkarosserien fremder Hersteller, Wettbewerbs- und Ausstellungswagen oder Prototypen nach Art des W12 Sportwagens (gezeigt in Genf 1998) wurde in der Regel nicht näher eingegangen, eine Ausnahme bilden interessante Cabrio-Umbauten auf Basis der Serienprodukte.
Natürlich ist das VW-Modellprogramm viel zu umfangreich, um auf dem hier zur Verfügung stehenden Raum abgehandelt zu werden.
Den weiteren unter dem VW-Emblem gebauten Serien-Personenwagen ist daher ein zweiter Band gewidmet.
Der Typenkompass erfüllt einen äußerst nützlichen Zweck: Er stellt eine kompakte, übersichtliche Zusammenstellung der Modellfamilien dar und ermöglicht dem Leser und Benutzer eine Schnell-Identifikation, wenn es um eine Kaufentscheidung, eine historische Zuordnung oder auch nur um die Erweiterung seines Fachwissens geht. Weitaus detailliertere Angaben zu den einzelnen Modellen bis hin zu Angaben zur Restaurierung historischer Fahrzeuge und zur Reparatur findet der Leser in der Fachliteratur, die gerade zum Thema Volkswagen recht umfangreich ist.

Einführung

Das 1938/39 in der Nähe von Fallersleben, Niedersachsen, gebaute Volkswagenwerk nahm erst nach dem zweiten Weltkrieg die serienmäßige Herstellung von Personenwagen auf. Die Produktion des später weltberühmt gewordenen Käfers war zwar bereits für die späten dreißiger Jahre geplant, doch bis auf wenige Versuchsfahrzeuge waren die bei Fallersleben (erst später konstituierte sich dort die Auto-Stadt Wolfsburg) hergestellten Volkswagen Militärfahrzeuge, in erster Linie sogenannte Kübelwagen.
Unter der Regie britischer Besatzungsbehörden begann 1945 in dem vom Krieg stark zerstörten Werk die Produktion von Zivilfahrzeugen und damit der kometenhafte Aufstieg des von Professor Ferdinand Porsche konstruierten »Käfers«. Eine Karriere, die selbst die der Tin Lizzie von Henry Ford in den Schatten stellt. Längst hat dieses Auto mehrere Generationen

Volkswagen – das Werk am Mittellandkanal in den 60er Jahren.

Trauriges Jubiläum 1946 in Wolfsburg: »10.000 Wagen, nichts im Magen, wer kann das vertragen?«

von Nachfolgemodellen aufzuweisen, und viele von ihnen wurden Welterfolge – doch dem VW Käfer gebührt der Ruhm, in der Zeit des sogenannten deutschen Wirtschaftswunders die wohl wichtigste Rolle auf dem Automobilsektor gespielt zu haben.

An Versuchen, beizeiten einen Nachfolger zu lancieren, fehlte es nicht, doch alle Pläne scheiterten, weil Heinrich Nordhoff, der Generaldirektor von Volkswagen, eisern am Prinzip des Heckmotors festhielt. Erst nach seinem Tod im April 1968 war der Weg frei für neue Ideen und Entwürfe. Auf Nordhoff folgte Lotz, und auf Lotz folgte Leiding – und jeder sah sich vor dem Problem, einen Nachfolger für den Käfer zu finden. Lotz stand dem Unternehmen nicht länger als anderthalb Jahre vor, Leiding kam auf eine Amtszeit von vier Jahren und musste dann seinerseits Toni Schmücker weichen, einem Manager aus der Großindustrie, der im Ruf eines knallharten Sanierers stand. Und VW hatte Hilfe auch bitter nötig: Ölkrise und veraltete Produktpalette, hohe Verluste und mangelnde Produktivität – es stand schlecht um Deutschlands größten Automobilbauer. Neben den hausgemachten Problemen gab es noch globale Entwicklungen, die den Spaß am Autofahren vermiesten: In den USA, dem wichtigsten Absatzmarkt, gruben die Japaner, allen voran Nissan und Toyota, Volkswagen das Wasser ab, und die Ölkrise von 1973 dämpfte die Auto-Euphorie nachhaltig. Die Zeichen standen auf Sturm, und dass der neue Golf die Wende bringen könnte, war zum Zeitpunkt seiner Präsentation noch nicht abzusehen: Deutliche Skepsis prägte die Berichterstattung in den Medien, *auto motor und sport* verglich den Golf mit dem Käfer und bilanzierte: »Der Golf dage-

Cabriolet-Produktion bei Karmann in Osnabrück, ca. 1952.

An Studien für einen Käfer-Nachfolger fehlte es nicht.

gen muss erst beweisen, wie zuverlässig er ist. Schließlich spricht für den Käfer sein einmaliges, klassenloses Image, das der Golf in dieser Form aller Voraussicht nach nie wird bieten können.«
Fast drei Jahrzehnte sind seitdem vergangen. Gewiss, der Käfer wird auch heute noch gebaut, doch die Zeit des sympathischen Krabbeltieres ist, wie man zugeben muss, seit langem abgelaufen: Der Golf ist aus seinem langen Schatten längst herausgetreten, wurde selbst zur Legende und rief mehr Nachahmer auf den Plan, als der Käfer dies je getan hatte. Kein Großserienautomobilhersteller der Welt kann es sich leisten, die Golf-Klasse zu ignorieren, selbst Premium-Hersteller wie Mercedes und BMW haben inzwischen Golf-Konkurrenten im Angebot. Kopiert zu werden ist bekanntlich die schönste Form der Anerkennung, und an der hat es dem Golf und den daraus abgeleiteten Modellen wahrlich nie gefehlt.
Mit Beginn der zweiten Golf-Generation begann die Ära Hahn, der neue VW-Chef legte mit dem Zukauf von Seat (1984) und Skoda (1991) die Basis für weitere Wolfsburger Höhenflüge. Und seinem Nachfolger Ferdinand Piëch gelang es, Volkswagen zu einer ersten Adresse im Automobilgeschäft zu machen. Der Konzernlenker verstand es, der Marke ein ganz neues, wertiges Image zu verleihen. Vergleichstests VW gegen Mercedes? In den 70ern und 80ern undenkbar, sind sie heutzutage gang und gäbe – und dass der Sieger Volkswagen heißt, ist schon fast normal.

Geschafft: Am 15. Mai 1981 rollt in Puebla/Mexiko der 20.000.000 Käfer vom Band. Volkswagen feiert das ganz groß, auch mit einem entsprechenden Sondermodell, dem »Silver Bug«.

Anmerkungen zu den Modellreihen

VW Typ 1 (Käfer)

In den dreißiger Jahren von Prof. Ferdinand Porsche und seinem Team konstruiert, wurde dieses Fahrzeug mit luftgekühltem Boxermotor im Heck nach dem Kriege zum Symbol des Wiederaufbaus in Deutschland. Selbst gravierende Nachteile wie geringer Kofferraum, ungenügende Heizung oder die vergleichsweise schwache Beschleunigung vermochten den Erfolg des Käfers nicht aufzuhalten, denn für ihn sprachen seine Wirtschaftlichkeit, seine solide Verarbeitung, seine Robustheit und seine lange Lebensdauer. Der von 1945 bis Anfang 1978 in Deutschland (das Cabriolet noch bis Mitte 1980 bei Karmann in Osnabrück) produzierte Käfer (intern: VW Typ 1) erreichte bis jetzt mit all seinen Varianten eine Gesamtauflage von mehr als 21 Millionen. Nach Beendigung der Produktion in Deutschland lief seine Fertigung in Mexiko und Brasilien weiter. Der mexikanische Käfer wurde bis 1985 von Volkswagen nach Deutschland exportiert; hier konnte man aber auch 1998 noch ein fabrikneues und mit Einspritzmotor und Katalysator versehenes Exemplar kaufen. Der 1998 eingeführte, in Mexiko produzierte New Beetle als Revival-Käfer fehlt in diesem Buch natürlich nicht.

VW Karmann-Ghia

Eine Sonderrolle spielte der VW Karmann-Ghia auf Käfer-Plattform, den es 1955 bis 1974 als Coupé und ab 1957 als Cabriolet gab. Sein italienisches Design und sein sportliches Flair machten ihn zu einem attraktiven Liebhaberwagen. Alle technischen Verbesserungen, die man im Laufe der Zeit dem Käfer angedeihen ließ, kamen auch dem Karmann-Ghia zugute. Insgesamt entstanden in Osnabrück rund 80.000 Fahrzeuge, ihre Nachfolge traten die Scirocco-Modelle an.

VW New Beetle

Der New Beetle wurde im kalifornischen Design-Zentrum Simi Valley entwickelt. Zunächst 1994 als Studie auf Golf-Plattform entstanden, erfolgte die Markteinführung 1998. Die Nachfrage in den USA war immens, in Deutschland dagegen verhaltener, was an der Preisgestaltung liegen mochte. Von Anfang an war auch ein Cabrio in Planung, dessen Markteinführung stand allerdings lange nicht fest und wurde auf das Jahr 2002 ins Auge gefasst.

VW 181

Ebenfalls ein Käfer-Derivat ist der VW Typ 181, auf einigen Märkten auch Safari (in den USA: The Thing) genannt. Der VW 181 wurde in Deutschland 1969 bis 1973 hergestellt, danach lief die Produktion noch eine Zeitlang im mexikanischen VW-Werk Puebla weiter. In erster Linie war der VW 181 für die Bundeswehr bestimmt, wurde aber auch an Zivilpersonen verkauft. Der »Kübelwagen« wies nur eine bedingte Geländetauglichkeit auf, war aber schier unverwüstlich – was nicht zuletzt an der Stärke des Stahlblechs lag, das so dick war wie bei keinem anderen Volkswagen.

VW Golf

Mit dem Golf stellte Volkswagen 1974 den designierten Käfer-Nachfolger vor, und er wurde wie sein Vorgänger zu einem Erfolgsmodell. Die technische Konzeption mit Quermotor und Vorderradantrieb stellte eine Weiterentwicklung des mit dem Audi 80 eingeführten Baukastensystems dar. Der Golf war größenmäßig unterhalb des Passat angesiedelt. Wie jener, gedieh der Golf im Laufe der Jahre zu einem Millionen-Auto, erfuhr zahlreiche Verbesserungen und im Rahmen konsequenter Modellpflege immer wieder Triebwerk- und Ausstattungs-Aktualisierungen. Der Golf mit all seinen Varianten vom GTI, Diesel und Cabrio bis zum Kombi (Variant) erwarb sich eine treue Anhängerschaft wie zuvor der Käfer. In den USA erhielt der Golf die Bezeichnung »Rabbit« (zu deutsch: Kaninchen); von dorther gelangte auch der Käfer-Name »Beetle« zu uns.

VW Scirocco

Als attraktives 2+2-Coupé mit Heckklappe galt der 1974 eingeführte Scirocco als Sportversion des Golf und damit als Nachfolger des VW Karmann-Ghia. In der Folge mit den unterschiedlichsten Motoren bestückt, blieb dieser Wagen – der 1981 einem umfassenden Re-Styling unterzogen wurde – bis 1992 im Programm. Nachfolger des Scirocco wurde der VW Corrado.

VW Jetta

Beim 1979 bis 1991 gebauten Jetta handelte es sich um eine Stufenheck-Ausführung des Golf mit diversen Motorisierungs- und Ausstattungsvarianten, die sich ebenfalls am Golf orientierten. In Deutschland war der Jetta kein Erfolg, die Golf-Zulassungen überstiegen die des Jetta um das Zehnfache. Ganz anders sah es auf dem amerikanischen Markt aus, dort kam der »Rucksack«-Golf auf vernünftige Stückzahlen. Zu den Jetta-Vorzügen gehörte der gigantische Kofferraum, zu seinen Nachteilen das als wenig harmonisch empfundene Styling. Nachfolger des Jetta wurde der VW Vento.

VW Vento

Der Jetta-Nachfolger auf Basis des Golf III wurde zwischen 1992 und 1998 gebaut und empfahl sich als geräumigere Golf-Alternative. Die viertürige Stufenheck-Limousine mit Golf-Technik war in diversen Motorisierungs- und Ausstattungsvarianten lieferbar.

VW Bora

Der Nachfolger des Vento basierte technisch auf der vierten Golf-Generation. Volkswagen hatte eine sehr harmonisch geformte Stufenheck-Limousine geschaffen, bei der das Stufenheck nicht mehr wie nachträglich angeklatscht wirkte, vielmehr hatten sich die Wolfsburger Designer am Vorbild des sehr erfolgreichen Passat orientiert. Der gedrungenere Bora wurde in den USA als Jetta verkauft und war dort zeitweise der erfolgreichste Volkswagen überhaupt. 1999 erschien der Bora in Kombi-Form; der Variant entsprach dem Golf-Kombiwagen, unterschied sich von diesem aber durch die höherwertige Ausstattung und die Wagenfront. Hohes Ausstattungs- und Komfortniveau. Serienbeginn Ende 1998.

Käfer

Typ 51

Baureihe:	VW Limousine
Modell:	Typ 51
Bauzeit:	1945–46
Motor:	4 Zylinder Boxer, luftgekühlt
Ventilsteuerung:	ohv, zentrale Nockenwelle
ccm:	1131
B x H:	75 x 64 mm
Leistung:	25 PS / 3000
Antrieb:	Hinterräder
Gemischaufb.:	1 Solex-Vergaser
Getriebe:	4V (Geländevorgelege)
Bremsen:	mechan., Trommel v/h
Höchstgeschw.:	80 km/h
Leergewicht:	755 kg
Reifen:	5.25 x 16
Radstand:	2400 mm
L x B x H :	4070 x 1540 x 1630 mm

Die in den dreißiger Jahren konzipierte VW Limousine ging erst nach dem Kriege in Serie. Die ersten Exemplare basierten auf dem Plattformrahmen des 1940–45 gebauten VW Kübelwagens für die Wehrmacht. Dieser Volkswagen hatte eine Vorrichtung zum Anwerfen des luftgekühlten Flachmotors (»Boxer«) im Heck mittels Handkurbel und war wegen seines geländegängigen Fahrwerks hochbeiniger als die späteren Serienwagen.
1945/46 wurde die bescheidene Produktion ausschließlich an Behörden geliefert, vorzugsweise an die britische Militärverwaltung. Der Erwerb für Privatpersonen war nur auf Bezugsschein möglich. Am 14. Oktober lief der 10.000 Käfer vom Band, angeblich war es exakt jener Wagen, der dann Karmann überlassen wurde, um den Cabrio-Prototypen zu bauen.

Käfer
Typ 11 Standard Limousine

Baureihe:	VW Limousine (Käfer)
Modell:	Typ 11 Standard Limousine
Bauzeit:	1946–53
Motor:	4 Zylinder Boxer, luftgekühlt
Ventilsteuerung:	ohv, zentrale Nockenwelle
ccm:	1131
B x H:	75 x 64 mm
Leistung:	25 PS / 3300
Antrieb:	Hinterräder
Gemischaufb.:	1 Solex-Vergaser
Getriebe:	4V
Bremsen:	mechan., Trommel v/h
Höchstgeschw.:	105 km/h
Leergewicht:	730 kg
Reifen:	5.00 x 16
Radstand:	2400 mm
L x B x H:	4070 x 1540 x 1590 mm
Anmerkungen:	Porsche-interne Bezeichnung: »Typ 60«. Bereifung ab Oktober 1952: 5.60 x 15

Erster im Handel angebotener VW. Die Standard-Limousine wies keinerlei Chromteile auf, hatte ein schwarzes Dreispeichen-Lenkrad und mittels Flügelmuttern verstellbare Vordersitze. Es gab keinen Lenkungsdämpfer, ein unsynchronisiertes Vierganggetriebe (Herunterschalten mit Zwischengas), seitlich in die Mittelholme eingelassene Winker als Richtungsanzeiger. Flache Windschutzscheibe, angeschraubte, leicht auswechselbare Kotflügel, nicht absperrbare Beifahrertür. Durch eine breite Strebe geteilte Heckscheibe (»Brezelfenster«). Der Preis für den Standard VW betrug nach der Währungsreform 1948 DM 5300,–, gegen Ende dieser ersten Baureihe Anfang 1953 nur noch DM 4150,–. Der Volkswagen war ein Erfolgswagen: Schon am 13. Mai 1949 verließ der 50.000. Käfer das Werk.

Käfer

Typ 11A Export Limousine

Baureihe:	VW Käfer
Modell:	Typ 11A Export Limousine
Bauzeit:	1949–53
Motor:	4 Zylinder Boxer, luftgekühlt
Ventilsteuerung:	ohv, zentrale Nockenwelle
ccm:	1131
B x H:	75 x 64 mm
Leistung:	25 PS / 3300
Antrieb:	Hinterräder
Gemischaufb.:	1 Solex-Vergaser
Getriebe:	4V
Bremsen:	mechan., Trommel v/h
Höchstgeschw.:	105 km/h
Leergewicht:	730 kg
Reifen:	5.00 x 16
Radstand:	2400 mm
L x B x H:	4070 x 1540 x 1500 mm
Anmerkungen:	Hydraulische Bremsen ab Mai 1950. Reifengröße ab Oktober 1952 5.60 x 16, zugleich Einführung eines Synchrongetriebes (2. bis 4. Gang).

Das Export-Modell ging im Mai 1949 in Serie und hatte verchromte Radzierblenden, Scheinwerferringe, Türgriffe und Stoßstangen. Die Vordersitze ließen sich in Gleitschienen verstellen, auch waren Sitze und Rückenlehnen üppiger gepolstert.
Ab Mitte 1949 bekam der VW Export statt des schwarzen Dreispeichen- ein helles Zweispeichenlenkrad, im Mai 1950 führte man ein Kühlluftthermostat ein; auch erhielt man jetzt gegen 250 Mark Aufpreis ein Golde-Stoffschiebedach. Ab April 1951 gab es einen Zierrahmen um die Windschutzscheibe, ab Oktober 1952 eine neue Instrumententafel, Dreiecksfenster in den Türen, breitere Stoßstangen ohne Rille, einen neuen Drehknebelgriff für die Motorhaube. Die oberen drei Gänge waren nun synchronisiert, der Felgendurchmesser, der bislang 16 Zoll betragen hatte, wurde auf 15 Zoll reduziert.
Der VW Export kostete bei seiner Einführung DM 5450,–.

Käfer

Rometsch-Umbauten

Friedrich Rometsch (1880–1959) eröffnete im Jahre 1924 eine Karosseriewerkstatt in Berlin-Halensee und beschäftigte sich dort in erster Linie mit der Reparatur und Instandsetzung von Taxis. Nach dem Zweiten Weltkrieg kam die Anfertigung von Nutzfahrzeugaufbauten hinzu. Ab 1950 entstanden zweisitzige Coupés und Cabriolets auf Basis des VW Käfers, für die Linienführung zeichnete Johannes Beeskow verantwortlich, der in den 30-er Jahren für die legendäre Karosseriefirma Erdmann & Rossi Luxuswagen-Aufbauten realisiert hatte. Seine für Rometsch gezeichnete »Banane«, das VW-Rometsch-Cabriolet, gewann zahlreiche Schönheitskonkurrenzen und wurde bis 1954 gebaut. 1960 sorgte nochmals ein völlig neu gestaltetes VW-Cabriolet/Coupé für Aufsehen, doch schon im folgenden Jahr stellte Rometsch den offenbar nicht sehr ertragreichen Karosseriebau ein. Die Firma existiert noch heute als Reparaturbetrieb für Taxis.

Käfer

Hebmüller Cabriolet

Das zweiplätzige Hebmüller-Cabriolet auf Basis des VW Export hätte in weitaus größeren Stückzahlen verkauft werden können, wäre die Karosseriefabrik imstande gewesen, diese Fahrzeuge zu bauen. Das Volkswagenwerk hatte sich entschlossen, zunächst 2000 Exemplare bauen zu lassen. Ein Großbrand im Werk Ende Juli 1949 setzte der Fertigung ein vorzeitiges Ende, im Mai 1952 meldete die Firma Konkurs an. Die letzten Hebmüller-Zweisitzer wurden daraufhin bei der Firma Karmann in Osnabrück montiert. Das meist rot-schwarz oder beige-schwarz lackierte Fahrzeug kostete DM 7500,–. Verkauft wurde der Hebmüller-VW über das Volkswagen-Händlernetz; im Unterschied zu einigen anderen Käfer-Modifikationen war dieses Auto wie das Karmann-Cabriolet ein vom Werk sanktioniertes VW-Modell gewesen. Zum Erkennungsmerkmal der Hebmüller-Roadster wurden die beiden großen Hauben an Bug und Heck, die auf den ersten Blick identisch zu sein schienen. Neben dem Roadster baute Hebmüller auch ein Polizei-Cabriolet, zur Hardtop-Produktion kam es nicht mehr.

Baureihe:	VW Käfer
Modell:	Typ 144 Hebmüller Cabriolet
Bauzeit:	1949–53
Motor:	4 Zylinder Boxer, luftgekühlt
Ventilsteuerung:	ohv, zentrale Nockenwelle
ccm:	1131
B x H:	75 x 64 mm
Leistung:	25 PS / 3300
Antrieb:	Hinterräder
Gemischaufb.:	1 Solex-Vergaser
Getriebe:	4V
Bremsen:	mechan., Trommel v/h
Höchstgeschw.:	100 km/h
Leergewicht:	775 kg
Reifen:	5.00 x 16
Radstand:	2400 mm
L x B x H:	4050 x 1540 x 1500 mm
Anmerkungen:	Drei Vorserienexemplare entstanden Ende 1948 / Anfang 1949, Serienbeginn im Juni 1949. Der letzte der 696 Hebmüller-Zweisitzer wurde im Februar 1953 ausgeliefert.

Käfer

Karmann Cabriolet

Das Volkswagen-Cabriolet, ein offener Viersitzer, wurde bei der Firma Karmann gefertigt. Prototypen waren zwischen 1946 und 1948 gebaut worden, im Juni 1949 stimmte das Volkwagenwerk einer Serienproduktion des Typ 15 auf Basis des Exportmodells zu. Bei den ersten Exemplaren lagen die Winker noch in Höhe der A-Säule, 1950 wanderten diese dann hinter die Türen. Die konstruktiven Unterschiede zum Limousinenmodell waren erheblich und umfassten massive Verstärkungen an den Türschwellen, unterhalb der Rücksitze sowie im Fußraum, um nur die wichtigsten Modifikationen zu nennen. Kotflügel und Fronthaube waren mit dem Export-Volkswagen identisch, Unterschiede gab es bei der Motorhaube. Alle in die Serienlimousine eingeflossenen Veränderungen fanden sich auch beim Karmann-Cabriolet. Es kostete wie die bis Anfang 1953 angebotene Zweisitzer-Version von Hebmüller zunächst DM 7500,–, 1953 nur noch DM 6950,–.
Die hinteren Seitenscheiben waren versenkbar. Einen offenen Viersitzer hatte es bereits 1938/39 in der Reihe der VW-Vorserienfahrzeuge gegeben (großes Bild).

Baureihe:	VW Käfer
Modell:	Typ 15, Karmann Cabriolet
Bauzeit:	1949–53
Motor:	4 Zylinder Boxer, luftgekühlt
Ventilsteuerung:	ohv, zentrale Nockenwelle
ccm:	1131
B x H:	75 x 64 mm
Leistung:	25 PS / 3300
Antrieb:	Hinterräder
Gemischaufb.:	1 Solex-Vergaser
Getriebe:	4V
Bremsen:	mechan., Trommel v/h
Höchstgeschw.:	110 km/h
Leergewicht:	770 kg
Reifen:	5.00 x 16
Radstand:	2400 mm
L x B x H:	4070 x 1540 x 1500 mm
Anmerkungen:	Im Auftrage von VW bei Karmann in Osnabrück gebautes, viersitziges Cabriolet auf der Basis des VW Export. Ab Mai 1950 hydraulische Bremsen, ab Oktober 1952 Reifen 5.60 x 15.

Käfer

Standard/Export Lim. 1200

Der VW Käfer war in der Standard-Version ab März 1953 – jetzt mit ungeteiltem Heckfenster – nach wie vor nur mit Seilzugbremsen ausgestattet, hatte keinen Lenkungsdämpfer und keinen Stabilisator. Nur das Exportmodell hatte Bremshydraulik. Mit dem 30-PS-Motor ab Januar 1954 waren geringfügig bessere Beschleunigungszeiten und eine etwas höhere Endgeschwindigkeit zu erzielen. Neu waren u. a. die mit den Rücklichtern kombinierten zwei Bremsleuchten statt nur eines Stoplichts im Gehäuse der Kennzeichenbeleuchtung, ein kombiniertes Zünd-Anlassschloss, ein Zündverteiler mit Unterdruckverstellung. Weichere Hinterrad- und Vorderradfedern, aber noch keine Getriebesynchronisierung. Das Standardmodell kostete 1954 DM 3950,–, das Exportmodell (mit hydraulischen Bremsen, modifizierter Übersetzung und mehr Chrom) kam auf DM 4850,–. Am 5. August 1955 rollte dann der 1.000.000. Volkswagen vom Band.

Baureihe:	VW Käfer
Modell:	Standard/Export Lim. 1200 (ovales Fenster)
Bauzeit:	1953–57
Motor:	4 Zylinder Boxer, luftgekühlt
Ventilsteuerung:	ohv, zentrale Nockenwelle
ccm:	1131 (ab 1954: 1192)
B x H:	75 x 64 mm (ab 1954: 77 x 64 mm)
Leistung:	25 PS / 3300 (ab 1954: 30 PS / 3400)
Antrieb:	Hinterräder
Gemischaufb.:	1 Solex-Vergaser
Getriebe:	4V
Bremsen:	mechan. (Export: hydr.), Trommel v/h
Höchstgeschw.:	105 km/h (ab 1954: 110 km/h)
Leergewicht:	730–750 kg
Reifen:	5.60 x 15
Radstand:	2400 mm
L x B x H:	4070 x 1540 x 1500 mm
Anmerkungen:	Ab Januar 1954 Typ 111 (Standard) bzw. 113 (Export) mit 1192 ccm und 30 PS (77 statt 75 mm Bohrung). Von März bis Dezember 1953 gab es den Käfer noch mit geteilter Heckscheibe.

Käfer

1200 Cabriolet

Baureihe:	VW Käfer
Modell:	Typ 15, 1200 Cabriolet
Bauzeit:	1953–57
Motor:	4 Zylinder Boxer, luftgekühlt
Ventilsteuerung:	ohv, zentrale Nockenwelle
ccm:	1131
B x H:	75 x 64 mm
Leistung:	25 PS / 3300
Antrieb:	Hinterräder
Gemischaufb.:	1 Solex-Vergaser
Getriebe:	4V
Bremsen:	hydr., Trommel v/h
Höchstgeschw.:	105 km/h
Leergewicht:	800 kg
Reifen:	5.60 x 15
Radstand:	2400 mm
L x B x H:	4070 x 1540 x 1500 mm
Anmerkungen:	Ab 1954: Typ 15.1 mit 1192 ccm (30 PS).

Das nach wie vor bei der Firma Karmann, Osnabrück, hergestellte Cabriolet entsprach in seinem Aufbau dem Vormodell. Es erhielt alle Neuerungen und Verbesserungen, die man der Limousine (Export) angedeihen ließ, wie 1954 auch den 30-PS-Motor. Die Beschleunigung von Null auf 100 km/h betrug 22 statt bisher 27 Sekunden, die Höchstgeschwindigkeit 110 km/h. Der Motor war elastischer, ohne mehr Kraftstoff zu verbrauchen. Nützliche Detailverbesserungen waren das Zündanlassschloss (vorher: getrennter Starterknopf), etwas kräftigere, lackierte statt verchromte Scheibenwischerarme, bessere Scheibenwischergummis sowie eine regulierbare Instrumentenbeleuchtung.
Der Grundpreis des Cabriolets betrug 1954 DM 6500,–, wobei DM 374,– auf die Reifen entfielen. Zeitgenössische Berechnungen ermittelten für das Cabriolet jährliche Fixkosten in Höhe von DM 1681,–, während für die Standard-Limousine 1287 Mark anfielen. Das durchschnittliche Monatsgehalt eines Arbeitnehmers betrug damals rund 300 Mark, ein Cabriolet war also fast unerschwinglich.

Käfer

1200 / 30 PS

Die Exportversion des Käfers mit großem Heckfenster unterschied sich von der Standardversion durch mehr Chromschmuck und hydraulische statt mechanische Bremsen, auch waren die Getriebegänge anders abgestuft. Ab August 1959 Querstabilisator an der Vorderachse und an der hinteren Pendelachse Tieferlegung des Drehpunktes; Lichtmaschine 180 statt 160 Watt. Ab August 1960 erhielt der VW Export einen 34-PS-Motor (der Hubraum blieb gleich), ein Vollsynchrongetriebe, einen Vergaser mit Startautomatik, asymmetrisches Abblendlicht und ein Anlasserschloss mit Wiederholsperre. Auch entfielen die Winker als Richtungsanzeiger und wurden durch Blinker ersetzt. Im August 1964 erfuhr das Rückfenster abermals eine Vergrößerung, ebenso die Seitenfenster. Die Windschutzscheibe war jetzt gewölbt und nicht mehr flach. Die Heizung wurde mit Hebeln statt durch einen Drehknopf reguliert, die Motorhaube ließ sich per Druckknopf statt mit einem Knebelgriff öffnen. Die Haube dieses Film-Käfers passt allerdings nicht zum Baujahr.

Baureihe:	VW Käfer 30 PS
Modell:	1200 (großes Fenster)
Bauzeit:	1957–65
Motor:	4 Zylinder Boxer, luftgekühlt
Ventilsteuerung:	ohv, zentrale Nockenwelle
ccm:	1192
B x H:	77 x 64 mm
Leistung:	30 PS / 3400
Antrieb:	Hinterräder
Gemischaufb.:	1 Solex-Vergaser
Getriebe:	4V, 1R
Bremsen:	hydr.(Standard: mech.), Trommel v/h
Höchstgeschw.:	110 km/h (ab 1960 34 PS: 115 km/h)
Leergewicht:	720–740 kg
Reifen:	5.60 x 15
Radstand:	2400 mm
L x B x H:	4070 x 1540 x 1500 mm
Anmerkungen:	Ab August 1959 Querstabilisator an der Vorderachse und an der hinteren Pendelachse Tieferlegung des Drehpunktes; Lichtmaschine 180 statt 160 Watt. Ab 1960 34-PS-Motor.

Käfer

1200 Cabriolet / 34 PS

Baureihe:	VW Käfer 34 PS
Modell:	1200 Cabriolet
Bauzeit:	1960–65
Motor:	4 Zylinder Boxer, luftgekühlt
Ventilsteuerung:	ohv, zentrale Nockenwelle
ccm:	1192
B x H:	77 x 64 mm
Leistung:	34 PS / 3600
Antrieb:	Hinterräder
Gemischaufb.:	1 Solex-Vergaser
Getriebe:	4V
Bremsen:	hydr., Trommel v/h
Höchstgeschw.:	115 km/h
Leergewicht:	820 kg
Reifen:	5.60 x 15
Radstand:	2400 mm
L x B x H:	4070 x 1540 x 1500 mm

Trotz großer konstruktiver Nähe zur Limousine unterschied sich das Cabriolet doch wesentlich von der Export-Limousine, von der es abgeleitet war. Zu den Cabrio-Besonderheiten gehörten, neben den Verstärkungen an Bodengruppe, auch Karosserieteile wie Türen und Motorraum-Klappe. Auch der Fensterheber-Mechanismus war eine Volkswagen-Cabriospezialität.

Zu den großen Pluspunkten des offenen Wagens gehörte sein Dach. Das Faltverdeck, entwickelt und gebaut von Karmann, machte das Käfer-Cabrio ganzjahrestauglich wie kaum ein anderes Cabriolet jener Tage. Das dreilagige Verdeck bestand aus einem Dachhimmel, einem Futter aus Pferdehaar und der leinenen Außenhaut. Das kleine Rückfenster, kaum so groß wie ein Briefkastenschlitz, wurde 1952 und 1958 vergrößert und dann, ein letztes Mal, 1976. Wesentliche Änderungen an der Mütze gab es für 1960, das Verdeck ließ sich etwas flacher zusammenfalten als vorher. Mit DM 5990,– kostete der offene Käfer im August 1961 noch genausoviel wie Ende 1955; 1964 hatte sich sein Preis indessen auf DM 6230,– und Ende 1965 auf DM 6490,– erhöht.

Käfer

1200 A Limousine / 30 PS

Im November 1964 avancierte der VW Standard zum Volkswagen 1200 A. Der 30-PS-Motor und das Fahrwerk waren nicht verändert worden, doch wies das Getriebe jetzt Vollsynchronisierung auf, ebenso hatte der Wagen die größeren Fensterflächen des Export-Käfers. Eine hydraulisch betätigte Fußbremsanlage gab es bereits seit April 1962; seine charakteristischen Winker hatte der Käfer bereits nach den Werksferien 1960 verloren. Seit 1956 war der Volkswagen der einzige deutsche Wagen gewesen, der mit den antiquierten Winkern hatte auskommen müssen.
Seit 1965 war endlich auch die Rücksitzlehne ganz umklappbar. Nach den Werksferien 1965 bis Ende Juni 1966 gab es den 1200 A mit dem drehmomentstärkeren 34-PS-Motor des VW Export, ferner mit Schneckenrollen- statt Spindellenkung und vorderem Querstabilisator.

Baureihe:	VW Käfer 30 PS
Modell:	1200 A Limousine
Bauzeit:	1964–66
Motor:	4 Zylinder Boxer, luftgekühlt
Ventilsteuerung:	ohv, zentrale Nockenwelle
ccm:	1192
B x H:	77 x 64 mm
Leistung:	30 PS / 3400 (ab 1965: 34 PS / 3600)
Antrieb:	Hinterräder
Gemischaufb.:	1 Solex-Vergaser
Getriebe:	4V
Bremsen:	hydr., Trommel v/h
Höchstgeschw.:	110 km/h (ab 1965: 115 PS)
Leergewicht:	750 kg
Reifen:	5.60 x 15
Radstand:	2400 mm
L x B x H:	4070 x 1540 x 1500 mm
Anmerkungen:	Ab Aug. 1965 mit 34-PS-Motor des bisherigen VW 1200 Export.

Die Vorderachse entsprach der des VW 1300 Baumuster 1965–67. Der 1966er VW 1200 A kostete DM 4635,–.

Käfer

1300 Limousine / 40 PS

Baureihe:	VW Käfer 40 PS
Modell:	1300 Limousine
Bauzeit:	1965 – 67
Motor:	4 Zylinder Boxer, luftgekühlt
Ventilsteuerung:	ohv, zentrale Nockenwelle
ccm:	1285
B x H:	77 x 69 mm
Leistung:	40 PS / 4000
Antrieb:	Hinterräder
Gemischaufb.:	1 Solex-Vergaser
Getriebe:	4V
Bremsen:	hydr., Trommel v/h
Höchstgeschw.:	120 km/h
Leergewicht:	780 kg
Reifen:	5.60 x 15
Radstand:	2400 mm
L x B x H:	4070 x 1550 x 1500 mm
Anmerkungen:	Nachfolgemodell des VW 1200 Export

Der 40-PS-Käfer des Jahres 1965 übernahm die Rolle des VW 1200 Export. Merkmale des neuen 1300er Käfer-Motors waren größere Einlassventile und ein größerer Kolbenhub. Die Kurbelwelle des Boxers war die des neuen VW 1500 (Typ 3). Neu war auch die Vorderachse samt Drehstabfeder mit jetzt zehn statt acht Blättern (bessere Straßenlage). Äußerlich erkennbare Veränderungen waren schwarze Lochfelgen mit etwas flacheren Zierkappen als bisher. Die Flächen der Sitze erhielt man alternativ in Skai statt mit Textilbezug. Das schwarze Lenkrad hatte wieder einen Signalhalbring; über Drucktasten bediente man die Lichthupe. Insgesamt, so ließ das Werk verlauten, unterscheide sich der neue 1300er durch 23 Änderungen vom bisherigen 1200 A.
Ab August 1966 bekam das Modell 1300 eine zusätzliche Ausgleichsfeder an der Hinterachse und damit eine etwas breitere Spur (1300 statt 1288 mm). Dazu kamen Änderungen an der Motorhaube, neue Türgriffe, Schalterknöpfe und Fensterkurbeln.

Käfer

1300 Cabriolet / 40 PS

Während es die VW 1300 Limousine bis 1967 gab, baute man das entsprechende Cabriolet nur bis Juni 1966 (danach ausschließlich mit dem 1500er Motor). Neu für das VW 1300 Cabrio war ein Verdeck aus schwarzem Kunststoff anstelle des bisherigen Textilgewebes. Die Innenleuchte saß nun oben am Scheibenrahmen und die Halteschlaufen hatte man leicht modifiziert. Überdies waren die Türen etwas niedriger gehalten. Das Auto kostete im Frühjahr 1966 – mittlerweile hatten die hinteren Seitenscheiben neue Dichtgummis erhalten – ab Werk DM 6670,–.
Nichts geändert hatte sich an den attraktiven Farbkombinationen, die Volkswagen/Karmann für den offenen Viersitzer anbot; sie ergaben sich durch den reizvollen Kontrast von Aufbau und Verdeck.

Baureihe:	VW Käfer 40 PS
Modell:	1300 Cabriolet
Bauzeit:	1965 – 66
Motor:	4 Zylinder Boxer, luftgekühlt
Ventilsteuerung:	ohv, zentrale Nockenwelle
ccm:	1285
B x H:	77 x 69 mm
Leistung:	40 PS / 4000
Antrieb:	Hinterräder
Gemischaufb.:	1 Solex-Vergaser
Getriebe:	4V
Bremsen:	hydr., Trommel v/h
Höchstgeschw.:	120 km/h
Leergewicht:	820 kg
Reifen:	5.60 x 15
Radstand:	2400 mm
L x B x H :	4070 x 1550 x 1500 mm
Anmerkungen:	Technisch identisch mit der Limousine

Käfer

1300 A Limousine / 40 PS

Der in etwas einfacherer Ausstattung gelieferte VW 1300 A (Grundpreis: DM 4735,–) bildete ab dem Modelljahr 1966 die Standardversion des 1300ers, er ersetzte überdies den bisherigen 1200 A. Doch durch zusätzlichen Chromzierrat (Aufpreis 150 Mark) und ein Faltschiebedach (250 Mark) kam man dem DM 5150,– teuren 1300 bereits wieder sehr nahe. Zum 34-PS-Motor war die automatische Kupplung Saxomat erhältlich. Auf Wunsch erhielt man den 1300 A auch mit dem bisherigen 1192-ccm-Motor (34 PS). Den 40-PS-Motor lieferte VW gegen Aufpreis, ebenso wie es ihn später auch wahlweise mit vorderer Scheibenbremsanlage (Serie beim VW 1300 ab August 1967) oder in Kombination mit der L-Ausstattung gab.

Baureihe:	VW Käfer 40 PS
Modell:	1300 A Limousine
Bauzeit:	1966–67
Motor:	4 Zylinder Boxer, luftgekühlt
Ventilsteuerung:	ohv, zentrale Nockenwelle
ccm:	1285
B x H:	77 x 69 mm
Leistung:	40 PS / 4000
Antrieb:	Hinterräder
Gemischaufb.:	1 Solex-Vergaser
Getriebe:	4V
Bremsen:	hydr., Trommel v/h
Höchstgeschw.:	120 km/h
Leergewicht:	800 kg
Reifen:	5.60 x 15
Radstand:	2400 mm
L x B x H:	4070 x 1550 x 1500 mm
Anmerkungen:	Auf Wunsch erhielt man den 1300 A auch mit dem bisherigen 1192-ccm-Motor (34 PS).

Käfer

1500 Limousine / 44 PS

Baureihe:	VW Käfer 44 PS
Modell:	1500 Limousine
Bauzeit:	1966 – 67
Motor:	4 Zylinder Boxer, luftgekühlt
Ventilsteuerung:	ohv, zentrale Nockenwelle
ccm:	1493
B x H:	83 x 69 mm
Leistung:	44 PS / 4000
Antrieb:	Hinterräder
Gemischaufb.:	1 Solex-Vergaser
Getriebe:	4V
Bremsen:	hydr., Scheiben v, Trommel h
Höchstgeschw.:	125 km/h
Leergewicht:	800 kg
Reifen:	5.60 x 15
Radstand:	2400 mm
L x B x H :	4070 x 1550 x 1500 mm
Anmerkungen:	Auch »Superkäfer« genannt.

Der VW 1500 wurde im August 1966 eingeführt und hatte als erster Käfer serienmäßig vordere Scheibenbremsen. Der Motor war zuerst im VW Transporter eingesetzt worden. Mehr Hub, eine höhere Verdichtung und andere Vergaser ließen die Motorleistung auf 44 PS ansteigen. Die Fahrleistungen wie auch die Beschleunigungswerte verbesserten sich spürbar, der neue Motor galt als das harmonischste Käfer-Triebwerk überhaupt. Gegen 285 Mark Aufpreis bekam man den Wagen mit Stahlkurbeldach. Das Bremssystem war zunächst im Einkreis-, später im Zweikreissystem gehalten. Serienmäßig gab es an allen Fahrzeugen Befestigungsmöglichkeiten für Dreipunktgurte. Die Werte für Beschleunigung und Dauergeschwindigkeit hatten durch den 44 PS starken Motor spürbar zugenommen. In dieser Ausführung wurde der Käfer bis August 1967 verkauft; anschließend gab es erneut wesentliche Änderungen.

Käfer

1500 Cabriolet / 44 PS

Die Cabrioletversion des VW Käfers war der Limousine in einigen technischen Details stets ein wenig voraus. Die 1,5-Liter-Ausführung wurde im August 1966 aufgelegt und kostete bei ihrer Einführung DM 6895,–. Alle VW 1500 wiesen serienmäßig Scheiben- anstelle der bisherigen Trommelbremsen auf, die Verwendung der neuen Kugelgelenk-Vorderachse hatte dies möglich gemacht. Zu den cabriospezifischen Änderungen dieser Zeit gehören Verdeckmodifikationen, eine neue Verdeckverriegelung sowie ein Rückfenster aus Sicherheitsglas.

Baureihe:	VW Käfer 44 PS
Modell:	1500 Cabriolet
Bauzeit:	1966–67
Motor:	4 Zylinder Boxer, luftgekühlt
Ventilsteuerung:	ohv, zentrale Nockenwelle
ccm:	1493
B x H:	83 x 69 mm
Leistung:	44 PS / 4000
Antrieb:	Hinterräder
Gemischaufb.:	1 Solex-Vergaser
Getriebe:	4V
Bremsen:	hydr., Scheiben v, Trommel h
Höchstgeschw.:	125 km/h
Leergewicht:	840 kg
Reifen:	5.60 x 15
Radstand:	2400 mm
L x B x H :	4070 x 1550 x 1500 mm

Käfer
1500 Cabriolet

In dieser Ausführung bot VW das Käfer Cabriolet bis Juli 1970 an. Technische Beschaffenheit und Ausstattung entsprachen denen der VW jeweiligen Limousine. Das galt auch für die Vordersitze, während die Rücksitzbank etwas schmaler geschnitten war – was wiederum den cabriospezifischen Verstärkungen der Seitenteile Rechnung trug. Auch die Bodenteppiche waren anders geschnitten. Nur Cabriokäufer konnten, gegen Aufpreis, ihre Sitze mit edlem Lederüberzug erhalten. Ab Juni 1969 versah man den Motordeckel das Cabriolets mit vier Gruppen von Lüftungsschlitzen. Der Wagen war auch mit einer Dreigang-Halbautomatik lieferbar.

Baureihe:	VW Käfer
Modell:	1500 Cabriolet
Bauzeit:	1967–70
Motor:	4 Zylinder Boxer, luftgekühlt
Ventilsteuerung:	ohv, zentrale Nockenwelle
ccm:	1493
B x H:	83 x 69 mm
Leistung:	44 PS / 4000
Antrieb:	Hinterräder
Gemischaufb.:	1 Solex-Vergaser
Getriebe:	4V
Bremsen:	hydr., Scheiben v, Trommel h
Höchstgeschw.:	123 km/h
Leergewicht:	840 kg
Reifen:	5.60 x 15
Radstand:	2400 mm
L x B x H:	4030 x 1550 x 1500 mm
Anmerkungen:	Elektrik jetzt 12 statt 6 Volt

Käfer
1300 Limousine

Baureihe:	VW Käfer
Modell:	1300 Limousine
Bauzeit:	1967 – 70
Motor:	4 Zylinder Boxer, luftgekühlt
Ventilsteuerung:	ohv, zentrale Nockenwelle
ccm:	1285
B x H:	77 x 69 mm
Leistung:	40 PS / 4000
Antrieb:	Hinterräder
Gemischaufb.:	1 Solex-Vergaser
Getriebe:	4V
Bremsen:	hydr. Zweikreis, Trommel v/h
Höchstgeschw.:	120 km/h
Leergewicht:	820 kg
Reifen:	5.60 x 15
Radstand:	2400 mm
L x B x H :	4030 x 1550 x 1500 mm
Anmerkungen:	Karosserie-Änderungen

Ab August 1967 bekam der VW Käfer ein stark verändertes Aussehen. Die Optik prägten vor allem die relativ hoch angebrachten Sicherheits-Stoßstangen mit dem sogenannten »Eisenbahnschienen«-Profil. Die Scheinwerfergläser standen jetzt senkrecht, der Tankeinfüllstutzen saß hinter einer Klappe (ab Herbst 1968 war diese von innen verriegelbar) oberhalb des rechten vorderen Kotflügels.
Der vordere Koffer- sowie der Motorraumdeckel waren kürzer geworden, es gab an beiden Türen Sicherheitsschlösser. Ab 1968 bot VW eine Getriebe-Halbautomatik mit drei Schaltstufen an; diese Autos erhielten auch eine neue Doppelgelenk-Hinterachse. Gegen Aufpreis von 125 Mark gab es ab August 1968 vordere Scheibenbremsen. Warnblinkanlage und Scheibenwischer mit zwei Geschwindigkeiten waren serienmäßig. Für die L-Ausstattung wurden 165 Mark Aufpreis berechnet.

Käfer
1500 Limousine

Wie der 1300er Käfer erhielt auch der 1500er neue, wesentlich massivere Stoßstangen als bisher, senkrechte Scheinwerferscheiben mit breiten Chromeinfassungen, einen seitlichen Tankeinfüllstutzen mit Klappe, eine Zweikreis-Bremsanlage, geringer dimensionierte Kofferraum- und Motordeckel, Scheibenwischer mit zwei Geschwindigkeiten und Sicherheitsschlössern in beiden Türen. Im September 1967 kam ferner ein Automatik-Modell auf den Markt. Die Dreigang-Halbautomatik wurde in Verbindung mit einer neuen Doppelgelenk-Hinterachse geliefert. Ab August 1968 kamen serienmäßig eine Warnblinkanlage und eine Verriegelung für die Tankklappe hinzu; ein Jahr später gab man dem Motordeckel waagerechte Luftschlitze.

Baureihe:	VW Käfer 44 PS
Modell:	1500 Limousine
Bauzeit:	1967 – 70
Motor:	4 Zylinder Boxer, luftgekühlt
Ventilsteuerung:	ohv, zentrale Nockenwelle
ccm:	1493
B x H:	83 x 69 mm
Leistung:	44 PS / 4000
Antrieb:	Hinterräder
Gemischaufb.:	1 Solex-Vergaser
Getriebe:	4V
Bremsen:	hydr. Zweikreis, Scheiben v, Trommel h
Höchstgeschw.:	125 km/h
Leergewicht:	820 kg
Reifen:	5.60 x 15
Radstand:	2400 mm
L x B x H :	4030 x 1550 x 1500 mm
Anmerkungen:	Elektrik jetzt 12 statt 6 Volt

Käfer

1200 Limousine

Baureihe:	VW Käfer
Modell:	1200 Limousine
Bauzeit:	1967 – 73
Motor:	4 Zylinder Boxer, luftgekühlt
Ventilsteuerung:	ohv, zentrale Nockenwelle
ccm:	1192
B x H:	77 x 64 mm
Leistung:	34 PS / 3600
Antrieb:	Hinterräder
Gemischaufb.:	1 Solex-Vergaser
Getriebe:	4V, 1R
Bremsen:	hydr., Trommel v/h
Höchstgeschw.:	115 km/h
Leergewicht:	780 kg
Reifen:	5.60 x 15
Radstand:	2400 mm
L x B x H :	4070 x 1550 x 1500 mm
Anmerkungen:	6-Volt-Anlage

Bei diesem ab Januar 1967 ausgelieferten Käfer handelte es sich um den sogenannten »Sparkäfer« und Nachfolger des 1300 A bzw. des Standardmodells. Sehr einfache Ausstattung (darunter auch die 6-Volt-Anlage), doch mit verchromten Zierleisten, Stoßstangen und Radkappen. Ab August 1967 erhielt der VW 1200 eine Sicherheits-Lenksäule, ein schlüsselförmiges Lenkrad, senkrecht stehende Scheinwerfergläser und die kürzeren Motorraum- bzw. Kofferraumdeckel wie die anderen Käfermodelle. Ab August 1969 mit Zweikreisbremsanlage, auf Wunsch auch mit 1285-ccm-Motor und mit einer Getriebe-Halbautomatik. Nach den Werksferien 1971 gab es ein etwas vergrößertes Heckfenster und eine Vorrichtung für Computer-Diagnose, für die sich im Motorraum ein Stecker befand.

Käfer
1200 / 1200 L Limousine

Der »Sparkäfer« erhielt 1973 die massiveren Stoßstangen, wie sie auch die anderen Käfermodelle hatten. Diese Änderungen waren, wie die meisten der signifikanten Modifikationen, eine Reaktion auf die verschärften Zulassungsbestimmungen in den USA, dem wichtigsten Exportmarkt. Beim Einstiegs-Käfer (der in den USA nie ein Thema war) waren diese jedoch in mattschwarzer Lackierung gehalten. Zugleich gab man dem Wagen größere Rückleuchten, die so genannten »Elefantenfüße«. Im August 1974 nahm VW die vorderen Blinker von den Kotflügeln und integrierte sie vorn seitlich in die Stoßstange. Der Sparkäfer kostete 1973 DM 5650,–. Die ebenfalls lieferbare L-Version bezeichnete eine gehobenere Ausstattung.

Baureihe:	VW Käfer
Modell:	1200 / 1200 L Limousine
Bauzeit:	1973–75
Motor:	4 Zylinder Boxer, luftgekühlt
Ventilsteuerung:	ohv, zentrale Nockenwelle
ccm:	1192
B x H:	77 x 64 mm
Leistung:	34 PS / 3600
Antrieb:	Hinterräder
Gemischaufb.:	1 Solex-Vergaser
Getriebe:	4V
Bremsen:	hydr. Zweikreis, Trommel v/h
Höchstgeschw.:	115 km/h
Leergewicht:	760 kg
Reifen:	5.60 x 15
Radstand:	2400 mm
L x B x H:	4030 x 1550 x 1500 mm
Anmerkungen:	L-Version mit gehobener Ausstattung

FOLLOW ME
280 400 Automobilisten folgen ihm.
VW - der meistgefahrene Wagen der Schweiz.

Käfer

1300 Limousine

Baureihe:	VW Käfer
Modell:	1300 Limousine
Bauzeit:	1970–73
Motor:	4 Zylinder Boxer, luftgekühlt
Ventilsteuerung:	ohv, zentrale Nockenwelle
ccm:	1285
B x H:	77 x 69 mm
Leistung:	44 PS / 4100
Antrieb:	Hinterräder
Gemischaufb.:	1 Solex-Vergaser
Getriebe:	4V
Bremsen:	hydr. Zweikreis, Trommel v/h
Höchstgeschw.:	125 km/h
Leergewicht:	820 kg
Reifen:	5.60 x 15
Radstand:	2400 mm
L x B x H:	4030 x 1550 x 1500 mm
Anmerkungen:	Auch in L-Ausstattung zu bekommen.

Verbesserungen machten den 44-PS-Käfer immer attraktiver. Ab 1970 schalteten sich die Hauptscheinwerfer ab, wenn man die Zündung ausschaltete; für die Motordiagnose gab es einen zentralen Steckschalter. 1971 bekam der 1,3-Liter-Motor einen Ölbad-Luftfilter, das Lenkrad auf der Nabe ein Sicherheitspolster. Vor allem vergrößerte man zur besseren Sicht nach hinten die Heckscheibe um 40 mm nach oben. In dieser Ausführung kostete der 1300er-Käfer im August 1971 DM 5940,–.

Natürlich gab es auch diesen Wagen in L-Ausstattung, kenntlich an den verchromten Stoßstangen und Chrom an Zierleisten und Deckelgriffen. Viel wichtiger allerdings waren die Extras, welche den Umgang im Alltag erfreulicher machten. Dazu gehörte die Heckraumentlüftung, der zweistufige Scheibenwischer, eine bessere Innengeräuschdämpfung, Rückfahrleuchten und die Beifahrer-Sonnenblende, um nur die wichtigsten Features zu nennen.

Käfer

1302 L Limousine / 44 PS

Ab August 1970 wurde dieses Modell mit längerem Radstand, bedingt durch einen etwas längeren Vorderbau, geliefert. Statt der bisherigen Vorderachse mit Querrohren und Federstäben kam jetzt eine Federbein-Vorderachse mit Stabilisator zum Einsatz. Die Doppelgelenk-Hinterachse jetzt an allen Serien-Käfern, nicht nur an den Modellen mit Getriebeautomatik. Neben dem normalen 1,3-Liter-44-PS-Motor mit Doppelkanal-Zylinderköpfen gab es nun auch einen stärkeren S-Typ mit 1,6 Litern Hubraum und 50 PS. Die Scheibenbremsen beim 1302 (vorn) kosteten 140 Mark Aufpreis; serienmäßig hatte sie nur der S bzw. LS. Hinter den Seitenfenstern wies der Aufbau Entlüftungsschlitze (»Kiemen«) auf. Serienmäßig gab es vorn und hinten Ösen für ein Abschleppseil. Grundpreis des VW 1302: DM 5745,–. Die L-Ausstattung kostete zusätzlich 200 Mark.

Baureihe:	VW Käfer 44 PS
Modell:	1302 L Limousine
Bauzeit:	1970–72
Motor:	4 Zylinder Boxer, luftgekühlt
Ventilsteuerung:	ohv, zentrale Nockenwelle
ccm:	1285
B x H:	77 x 69 mm
Leistung:	44 PS / 4000
Antrieb:	Hinterräder
Gemischaufb.:	1 Solex-Vergaser
Getriebe:	4V
Bremsen:	Zweikreis, Trommel v/h
Höchstgeschw.:	125 km/h
Leergewicht:	870 kg
Reifen:	5.60 x 15
Radstand:	2420 mm
L x B x H :	4080 x 1585 x 1500 mm
Anmerkungen:	»Superkäfer« durch neue Vorderachse jetzt mit größerem Kofferraum.

Käfer

1302 LS Cabriolet / 50 PS

Der neue Verdeckmechanismus beim 1302 LS Cabriolet verringerte bei heruntergeklapptem Dach dessen Höhe und Länge. Die Lüftungsschlitze im Motordeckel bildeten vier Gruppen. Weitere Veränderungen entsprachen denen des Limousinen-Grundmodells, so erhielt auch das Cabriolet den um 74 mm verlängerten Vorderwagen. Der vordere Gepäckraum fasste nun 260 Liter, das Ersatzrad war nun liegend untergebracht. Nur für das Cabriolet standen auf Wunsch – und gegen Aufpreis – neben den VW-Farben auch die von Porsche zur Verfügung. Ohne Aufpreis dagegen war die Wahl zwischen Kunstleder- oder Stoff-Sitzbezügen. Der Preis des 1302 LS Cabriolets (es wurde ausschließlich mit dem 1,6-Liter-Motor geliefert) betrug 1970 DM 7490,–.

Baureihe:	VW Käfer 50 PS
Modell:	1302 LS Cabriolet
Bauzeit:	1970–72
Motor:	4 Zylinder Boxer, luftgekühlt
Ventilsteuerung:	ohv, zentrale Nockenwelle
ccm:	1584
B x H:	85,5 x 69 mm
Leistung:	50 PS / 4000
Antrieb:	Hinterräder
Gemischaufb.:	1 Solex-Vergaser
Getriebe:	4V
Bremsen:	Scheiben v, Trommel h, Zweikreis
Höchstgeschw.:	132 km/h
Leergewicht:	920 kg
Reifen:	5.60 x 15 oder 155 SR 13
Radstand:	2420 mm
L x B x H :	4080 x 1585 x 1500 mm
Anmerkungen:	Auch mit halbautomatischem Getriebe lieferbar.

Käfer

1303 L / S Lim. / 44 PS, 50 PS

Neu an diesem Käfer zum Modelljahr 1972 präsentierten Käfer war die stärker ausgewölbte Windschutzscheibe, notwendig geworden durch US-Vorschriften. Überdies fielen die neuen, sehr viel größeren Rückleuchten auf. Die Armaturentafel war ebenfalls neu, schwarz bezogen und dick gepolstert. 1974 wanderten die Blinker von den vorderen Kotflügeln in die Stoßstangen, diese saßen an verstärkten Halterungen, überdies kam es zur Einführung einer Zahnstangenlenkung. Um den Absatz anzukurbeln, präsentierte Volkswagen diverse Sondermodelle, so etwa den »Gelbschwarzen Renner«, den »City-Käfer« oder auch den »Big-Käfer«. Als Modell 1303 A gab es von August 1973 bis Juli 1974 ein Sparmodell; es hatte mattschwarz lackierte Stoßstangen, an den Scheiben keine Zierleisten und wurde mit dem 1192-ccm-Motor (34 PS) geliefert. Sein Preis betrug DM 6640,–.

Baureihe:	VW Käfer 44 PS, 50 PS
Modell:	1303 L/S Limousine
Bauzeit:	1972–75
Motor:	4 Zylinder Boxer, luftgekühlt
Ventilsteuerung:	ohv, zentrale Nockenwelle
ccm:	1285, 1584
B x H:	77 x 69 mm, 85,5 x 69 mm
Leistung:	44 PS / 4100, 50 PS / 4000
Antrieb:	Hinterräder

Gemischaufb.:	1 Solex-Vergaser
Getriebe:	4V
Bremsen:	Zweikreis, Trommel v/h (1,6: Scheiben v.)
Höchstgeschw.:	125 km/h, 130 km//h
Leergewicht:	890 kg
Reifen:	5.60 x 15 oder 155 SR 15
Radstand:	2420 mm
L x B x H :	4110 x 1585 x 1500 mm
Anmerkungen:	Höhepunkt der »Käfer-Kultur«

Käfer

1303 LS Cabriolet / 50 PS

Baureihe:	VW Käfer 50 PS
Modell:	1303 LS Cabriolet
Bauzeit:	1972–80
Motor:	4 Zylinder Boxer, luftgekühlt
Ventilsteuerung:	ohv, zentrale Nockenwelle
ccm:	1584
B x H:	85,5 x 69 mm
Leistung:	50 PS / 4000
Antrieb:	Hinterräder
Gemischaufb.:	1 Solex-Vergaser
Getriebe:	4V
Bremsen:	Scheiben v, Trommel h, Zweikreis
Höchstgeschw.:	130 km/h
Leergewicht:	940 kg
Reifen:	5.60 x 15 oder 155 SR 15
Radstand:	2420 mm
L x B x H:	4140 x 1585 x 1500 mm
Anmerkungen:	Größere Heckscheibe im Verdeck

Letztes Cabriolet auf VW-Käfer-Basis, präsentiert im August 1972 zu einem Preis von DM 8840,–, war der 1303 LS. Ausgestattet mit dem 50-PS-Boxer, schaffte das Cabrio mit Panorama-Scheibe in Tests eine Spitze von gut 130 km/h und beschleunigte in 21,5 Sekunden aus dem Stand auf 100 km/h. Andererseits zeigte sich die Fachpresse, im Gefolge der Ölkrise und des wachsenden Sicherheitsbewusstseins, offenen Wagen gegenüber eher kritisch eingestellt. Das machte sich auch in der Bewertung dieses Wagens bemerkbar. Hoher Preis, schlechte Lüftung bei geschlossenem Dach (was andererseits für die Qualität des Karmann-Verdecks sprach), tiefe Sitzposition, schlechte Rücksicht und – hoher Wertverlust würden zu den Nachteilen diese Cabrios gehören, urteilten die Käfer-Tester.

Im April 1975 kostete der offene 1303 bereits DM 12.130,–. Zu diesem Zeitpunkt wurden die 1303-Cabrios ohne die Zusatzbezeichnung LS ausgeliefert. Wie gewohnt, stellte Volkswagen bis zuletzt auch für den offenen Käfer die ellenlange Aufpreisliste zur Verfügung, welche auch den normalen Käfer zierte. Sie reichte vom abschließbaren Tankdeckel (DM 17,20) über verstellbare Kopfstützen (DM 92,79) bis hin zu Fünfeinhalbzoll-Sport-Scheibenrädern und Reifen der Dimension 175/70. Als einer der wenigen

offenen Viersitzer erfreute sich dieses Fahrzeug in Fankreisen noch eine Weile vergleichsweise großer Beliebtheit. Erst im Januar 1980 – zwei Jahre nach Beendigung der Limousinen-Produktion – stellte Karmann wegen nachlassender Umsätze und wegen Beendigung der Teilelieferung von VW in Emden die Produktion des Cabriolets ein, dessen Preis zum Schluss DM 15.000,– betragen hatte. 1979 waren 19.569 Fahrzeuge in Osnabrück hergestellt worden, 1980 nur noch 544. In den letzten beiden Jahren war das Cabrio mit der Panorama-Scheibe fast nur noch für den amerikanischen Markt gebaut worden. Dort vollzog sich ein Abschied auf Raten und mit zahlreichen Sondermodellen.

Käfer

Cabrio-Umbauten

Der Käfer avancierte zum Liebling der Umbau-Branche. Die simple Konstruktion und sein solider Plattformrahmen machten den Umbau zu einer reizvollen Angelegenheit. Mitte/Ende der 80er-Jahre erlebte die Welle der nachträglichen Käfer-Umbauten ihre Blütezeit. Der erste, der nach Auslauf des Werks-Cabrios zur Trennscheibe griff, war Eller in Dieburg. Es folgten zahlreiche weitere, so zum Beispiel die Firmen Hoffmann-Speedster (Viersen), Ostermann (Osnabrück), Cabrio-Design (Kürten-Dürscheid) oder Frost (Bretten), um nur einige zu nennen. Auch die Firma Bieber (Borken) lieferte Käfer-Umbausätze. Originalitäts-Fanatiker standen solchen Modifikationen stets skeptisch gegenüber.

Links, von oben nach unten: Cabrio-Design, Hoffmann Speedster, Dannert Speedster

Oben: Bieber-Cabrio, unten: Ostermann-Speedster

Käfer

Typ 181

Nach dem Vorbild des Wehrmachts-Kübelwagens Typ 82 der Kriegsjahre entstand dieses offene, viersitzige Käfer-Derivat für die deutsche Bundeswehr. Der Wagen war bedingt geländegängig und wurde auch auf dem Zivilmarkt unter dem Namen Safari angeboten. Der VW 181 wies vier Türen und ein einfaches Klappverdeck mit seitlichen Steckscheiben auf. Bei seiner Vorstellung 1969 betrug der Verkaufspreis DM 8500,–, dann kletterte der Preis Jahr für Jahr und erreichte im April 1975 DM 13.260,–, jeweils einschließlich Standheizung. Gegen Aufpreis war eine Differentialsperre erhältlich. Ab August 1974 erhielt man den VW 181 nur mehr aus mexikanischer Fertigung.

Baureihe:	VW Käfer 44 PS
Modell:	Typ 181
Bauzeit:	1969 – 79
Motor:	4 Zylinder Boxer, luftgekühlt
Ventilsteuerung:	ohv, zentrale Nockenwelle
ccm:	1493
B x H:	83 x 69 mm
Leistung:	44 PS / 4000
Antrieb:	Hinterräder
Gemischaufb.:	1 Solex-Vergaser
Getriebe:	4V
Bremsen:	Zweikreis, Trommel v/h
Höchstgeschw.:	115 km/h
Leergewicht:	910 kg
Reifen:	165 SR 15 M+S
Radstand:	2400 mm
L x B x H:	3780 x 1640 x 1620 mm
Anmerkungen:	Ab August 1970 mit 1584 ccm und 44 PS, ab 3/1973 48 PS. Bereifung ab 8/1971 185 SR 14.

Mexiko-Käfer

1200 / L Limousine

Ende Januar 1978 endete die Produktion des VW Käfers in Deutschland; die Fertigung war zuvor von Wolfsburg nach Emden verlegt worden. Nicht mehr als 620 VW 1200 hat es im Baujahr 1978 aus deutscher Fabrikation gegeben, der Preis des Autos betrug zum Schluss DM 7865,–. Als die Käfer-Ära in Emden endete, weil die Kapazitäten für die Passat-Produktion benötigt wurden, begann die VW-Vertriebsorganisation Käfer für den europäischen Markt aus dem VW-Tochterunternehmen in Puebla (Mexiko) zu beziehen. Der Mexiko-Käfer war nur mit 1,2 Liter/34-PS-Motor lieferbar und wies die bisherige L-Ausstattung auf. Die Lieferfrist betrug etwa zwei Monate.
Am 15. Mai 1981 lief in Puebla der zwanzigmillionste Käfer vom Band – VW feierte dies mit dem »Silver Bug«, einem Sondermodell für 9380 Mark.

Baureihe:	VW Käfer Mexico
Modell:	1200 / L Limousine
Bauzeit:	1975 – 78
Motor:	4 Zylinder Boxer, luftgekühlt
Ventilsteuerung:	ohv, zentrale Nockenwelle
ccm:	1192
B x H:	77 x 64 mm
Leistung:	34 PS / 3800
Antrieb:	Hinterräder
Gemischaufb.:	1 Solex-Vergaser
Getriebe:	4V
Bremsen:	Zweikreis, Trommel v/h
Höchstgeschw.:	115 km/h
Leergewicht:	760 kg
Reifen:	5.60 x 15 oder 155 SR 15
Radstand:	2400 mm
L x B x H:	4030 x 1550 x 1500 mm
Anmerkungen:	Auch mit 1285 ccm / 44 PS. Leergewicht der in der Ausstattung reichhaltigeren L-Version: 820 kg.

Mexiko-Käfer

1200 L

Die letzten, offiziell von Volkswagen angebotenen Mexiko-Käfer trafen im August 1985 aus Puebla ein. Die meisten allerdings erlitten Lackschäden durch Hagelschlag während des Entladens. Das wurde allerdings im Zuge der peniblen Endkontrolle, der jeder Mexiko-Käfer unterzogen wurde, wieder in Ordnung gebracht. Der Mexiko-Käfer war das günstigste Angebot im VAG-Sortiment und eines der billigsten Fahrzeuge auf dem deutschen Markt, Anfang der 80er waren lediglich 2 CV und R4, Fiat 126 und Lada günstiger – wenn auch nicht preiswerter. 1983 betrug der Verkaufspreis in Deutschland DM 9395,–; im August 1985 DM 11.950,–.
Die technische Besonderheit des Mexiko-Käfers bestand in der Rückbesinnung auf den Einfach-Käfer des Jahres 1961: Er hatte eine Kurbellenker-Pendelachse, aber es gab keine Scheibenbremsen. Einheitslackierung in Zinngrau.

Baureihe:	VW Käfer
Modell:	1200 L Mexiko
Bauzeit:	1978–85
Motor:	4 Zylinder Boxer, luftgekühlt
Ventilsteuerung:	ohv, zentrale Nockenwelle
ccm:	1192

B x H:	77 x 64 mm	**Leergewicht:**	780 kg
Leistung:	34 PS (25 kW) / 3800	**Reifen:**	5.60 x 15 oder 155 SR 15
Antrieb:	Hinterräder	**Radstand:**	2400 mm
Gemischaufb.:	1 Solex-Fallstromvergaser	**L x B x H :**	4060 x 1550 x 1500 mm
Getriebe:	4V	**Anmerkungen:**	Letzter, offiziell von Volkswagen importierte Typ 1-Ausführung.
Bremsen:	Zweikreis, Trommel v/h		
Höchstgeschw.:	115 km/h		

Mexiko-Käfer

1600

Obwohl der Käfer in Deutschland nicht mehr angeboten wurde, fanden ständige Verbesserungen statt. Ab 1986 baute das VW-Werk in Puebla, Mexiko, den Käfer auch mit 1,6-Liter-Motor und weiteren Modifikationen. Statt der auf den vorderen Kotflügeln sitzenden Blinker waren diese nun in die Stoßstangen eingefügt; die Felgen hatten keine Radzierkappen mehr, geringfügige Änderungen gab es auch im Interieur. In seinem gesamten äußeren Erscheinungsbild unterschied sich dieses traditionsreiche Volkswagenmodell kaum vom VW 1200/ 1200 L, dessen Fertigung aber Ende 1990 eingestellt wurde. Auf Wunsch erhielt man auch eine Differentialsperre.

Baureihe:	VW Käfer
Modell:	1600 Mexiko
Bauzeit:	1986 – 92
Motor:	4 Zylinder Boxer, luftgekühlt
Ventilsteuerung:	ohv, zentrale Nockenwelle
ccm:	1584
B x H:	85,5 x 69 mm
Leistung:	46 PS (34 kW) / 4000
Antrieb:	Hinterräder
Gemischaufb.:	2 Solex-Fallstromvergaser

Getriebe:	4V
Bremsen:	Trommel v/h
Höchstgeschw.:	127 km/h
Leergewicht:	820 kg
Reifen:	155 SR 15
Radstand:	2400 mm
L x B x H :	4060 x 1550 x 1500 mm
Anmerkungen:	Mexiko-Käfer. Sondermodell, geliefert an das spanische Königshaus.

Mexiko-Käfer
1.6 i / Kat.

Den 1600er Mexiko-Käfer lieferte man ab 1993 auch mit Benzineinspritzung und Drei-Wege-Katalysator. Außerdem gab es breitere Stoßstangen und ein neues Felgendesign. Nach wie vor kamen eine ganze Anzahl von Bauteilen aus Europa, im Unterschied zum Brasilien-Käfer, der fast ausschließlich in heimischer Produktion entstand. In Deutschland gab es in den neunziger Jahren aber nur wenige VW-Händler, die den Mexiko-Käfer – jetzt in wesentlich besserer Ausstattung und wieder mit verchromten Radkappen – importierten. Der Endpreis betrug Anfang 1996 rund DM 21.000,–. Angeboten wurde der 1995/96er Käfer in Tornadorot, Cosmosblau, Alpinweiß.

Baureihe:	VW Käfer
Modell:	1.6 i / Kat. Mexiko
Bauzeit:	1993 – 95, 1995 –
Motor:	4 Zylinder Boxer, luftgekühlt
Ventilsteuerung:	ohv, zentrale Nockenwelle
ccm:	1584
B x H:	85,5 x 69 mm
Leistung:	44 PS (32 kW) / 4000
Antrieb:	Hinterräder
Gemischaufb.:	elektron. Einspritzung Digifant
Getriebe:	4V
Bremsen:	Trommel v/h
Höchstgeschw.:	124 km/h
Leergewicht:	820 kg
Reifen:	155 bzw. 165 SR 15
Radstand:	2400 mm
L x B x H :	4060 x 1550 x 1500 mm
Anmerkungen:	Ab 1995 mit 46 PS (34 kW) und vielen Verbesserungen. Einfuhr durch verschiedene freie Importeure.

Brasilien-Käfer

1.6 Fusca

Im September 1993 präsentierte das brasilianische VW-Werk in Sao Paulo den Ende 1990 vorübergehend eingestellten Käfer in einer Neuauflage. Der »Fusca« hatte aber keinen Katalysator und wurde offiziell nicht nach Deutschland exportiert; in Brasilien lief er mit Äthylalkohol. Obwohl die Produktion 1997 endgültig eingestellt worden war, sah es kurzfristig so aus, als ob es danach zu einem erneuten Käfer-Comeback kommen könnte: Mit dem Käfer war eines der billigsten Autos auf dem brasilianischen Markt verschwunden. Brasilien steckte aber in einer Wirtschaftskrise, ein Neuwagen war vielfach unerschwinglich. Daher dachte die damalige Regierung laut darüber nach, ob VW do Brasil nicht noch einmal die Fusca-Produktion aufnehmen könnte.

Baureihe:	VW Käfer
Modell:	1.6 Fusca / Brasilien
Bauzeit:	1993–95
Motor:	4 Zylinder Boxer, luftgekühlt
Ventilsteuerung:	ohv, zentrale Nockenwelle
ccm:	1584
B x H:	85,5 x 69 mm
Leistung:	59 PS (43 kW) / 4300
Antrieb:	Hinterräder
Gemischaufb.:	2 Solex-Fallstromvergaser
Getriebe:	4V
Bremsen:	Scheiben v, Trommel h
Höchstgeschw.:	140 km/h
Leergewicht:	820 kg
Reifen:	165 SR 15
Radstand:	2400 mm
L x B x H :	4060 x 1550 x 1500 mm
Anmerkungen:	Konstruktiv dem Mexiko-Käfer entsprechend.

Omnicar-Käfer
1.8 i

Überraschender Weise war es auch im Jahre 2001 noch möglich, einen fabrikneuen Käfer zu erhalten, was in erster Linie ein Verdienst der Firma NR-Automobile/Omnicar ist. Das Unternehmen mit Sitz in München begann 1991 mit dem Import von Mexiko-Käfern und brachte jährlich rund 150 Neuwagen auf die Straße, nicht ohne die Wagen entsprechend umgerüstet zu haben. Angeboten wurden zwei 1,6-Liter-Boxer mit 34 und 40 kW sowie – seit 1999 – ein 1,8-Liter mit 53 kW – selbstverständlich mit Dreiwege-Katalysator, elektronischer Benzineinspritzung und Aktivkohlefilter. Der Einstieg ins Käfer-Zeitalter begann im März 2001 bei DM 21.990,–, das Topmodell 1800 i kam auf DM 29.690,–. Darüber hinaus offerierten die Käfer-Aktivisten die sogenannte True-Beetle-Edition, bei der serienmäßig grün getönte Scheiben, eine heizbare Heckscheibe und diverse Chromteile mit an Bord waren. Und mit Nussbaum-Wurzelholzeinlagen im Armaturenbrett verströmt auch ein simpler Mexiko-Käfer ein Flair von Luxus und Wellness.

Baureihe:	VW Käfer
Modell:	1.8 i / Mexiko
Motor:	4 Zylinder Boxer, luftgekühlt
Ventilsteuerung:	ohv, zentrale Nockenwelle
ccm:	1776
B x H:	90,5 x 69 mm
Leistung:	72 PS (53 kW) / 4000
Antrieb:	Hinterräder
Gemischaufb.:	2 Solex-Fallstromvergaser
Getriebe:	4V
Bremsen:	Scheiben v, Trommel h
Höchstgeschw.:	152 km/h
Leergewicht:	830 kg
Reifen:	165 SR 15
Radstand:	2400 mm
L x B x H :	4060 x 1550 x 1500 mm
Anmerkungen:	Einfuhr über Firma Omnicar AG., München

Cabrio-Limousine der Firma Omnicar. Als 1800 i mit 72 PS kostete der Faltdach-Käfer DM 32.190,–, die Nussbaum-Wurzelholzeinlagen am Armaturenbrett kamen 2001 auf DM 625,–.

M
UH 1403

Karmann-Ghia

1200 Coupé

Baureihe:	VW Typ 1 / Käfer
Modell:	1200 Karmann-Ghia Coupé
Bauzeit:	1955–59
Motor:	4 Zylinder Boxer, luftgekühlt
Ventilsteuerung:	ohv, zentrale Nockenwelle
ccm:	1192
B x H:	77 x 64 mm
Leistung:	30 PS / 3400
Antrieb:	Hinterräder
Gemischaufb.:	1 Solex-Vergaser
Getriebe:	4V
Bremsen:	hydr., Trommel v/h
Höchstgeschw.:	115 km/h
Leergewicht:	810 kg
Reifen:	5.60 x 15
Radstand:	2400 mm
L x B x H:	4140 x 1630 x 1330 mm
Anmerkungen:	Interne Bezeichnung: Modell 14

Der bei Karmann in Osnabrück gefertigte Aufbau für dieses Fahrzeug basierte auf einem Design der italienischen Firma Ghia. Die technische Basis des Zweisitzers stellte die VW Export-Plattform dar. Die neue Karosserie erforderte eine Verbreiterung der Bodenplatten um insgesamt 160 mm, die Lenksäule musste flacher ausgerichtet und der Schalthebel gekürzt werden. Der Ghia-Entwurf erforderte einen hohen Bauaufwand, nicht nur in der Karosseriefertigung. Bei seiner Premiere verfügte der Ghia über den 30 PS-Motor des Käfers, die technischen Unterschiede beschränkten sich auf einen anders positionierten Luftfilter, eine andere Vergaserbestückung und eine im Motorraum untergebrachte Batterie.
Die Pressevorstellung erfolgte im Juli 1955, die Publikumspremiere auf der IAA in Frankfurt im September. Ab September 1958 erhielt die Oberseite der Armaturentafel eine spiegelungsfreie Abdeckung und die Heckscheibe eine Entfrosteranlage. Der Preis des Karmann-Ghia Coupés betrug DM 7500,–.

Karmann-Ghia
1200 Cabriolet

Karmann hatte schon lange mit einem offenen Zweisitzer geliebäugelt und bereits 1954 einen Prototyp erstellt. Ohne Dach war aber die Karosserie nicht stabil, daher verstärkte Karmann Aufbau und Fahrgestell. Die zweisitzige Cabrioletversion erschien letztlich zum September 1957, wobei das Cabrio die technischen Grunddaten des Coupés aufwies. Serienmäßig an Bord war nun die Tankuhr wie auch die Blinkerschalter mit automatischer Rückstellung. Die Betätigung der Hupe erfolgte über einen Halbring im neuen Lenkrad.
Das Cabriolet kostete DM 8250,–, das waren 750 Mark mehr als für das Coupé zu bezahlen waren. Später wurde der Preis des Cabriolets auf DM 7635,– gesenkt, doch das war noch immer fast das Doppelte dessen, was ein Standard-Volkswagen kostete.

Baureihe:	VW Typ 1 / Käfer
Modell:	1200 Karmann-Ghia Cabriolet
Bauzeit:	1957 – 59
Motor:	4 Zylinder Boxer, luftgekühlt
Ventilsteuerung:	ohv, zentrale Nockenwelle
ccm:	1192
B x H:	77 x 64 mm
Leistung:	30 PS / 3400
Antrieb:	Hinterräder
Gemischaufb.:	1 Solex-Vergaser
Getriebe:	4V
Bremsen:	hydr., Trommel v/h
Höchstgeschw.:	115 km/h
Leergewicht:	820 kg
Reifen:	5.60 x 15
Radstand:	2400 mm
L x B x H :	4140 x 1630 x 1330 mm
Anmerkungen:	Technisch identisch mit dem Coupé.

Karmann-Ghia
1200 Coupé

1959 erhielt der Karmann-Ghia eine etwas modifizierte Frontpartie: Man gab dem Auto etwas größere und weiter nach vorn versetzte Scheinwerfer und größere Kühlluft-Einlassöffnungen im Bug. Die hinteren Scheiben waren jetzt ausstellbar. Scheibenwaschanlage und Lichthupe gab es serienmäßig. Die Rücklichtgehäuse wiesen getrennte Kammern für Schluss-, Stop- und Blinklicht auf. 1960 führte man den 34-PS-Motor ein, wie ihn die Export-Limousine hatte, ebenso das vollsynchronisierte Getriebe und das asymmetrische Abblendlicht. Als Diebstahlsicherung (jetzt gesetzlich vorgeschrieben) erhielt der Wagen ab August 1961 ein Schaltschloss. Von Anfang an hatten die Karmann-Ghia Blinker statt Winker sowie einen vorderen Querstabilisator besessen.

Baureihe:	VW Typ 1 / Käfer
Modell:	1200 Karmann-Ghia Coupé
Bauzeit:	1959–65
Motor:	4 Zylinder Boxer, luftgekühlt
Ventilsteuerung:	ohv, zentrale Nockenwelle
ccm:	1192
B x H:	77 x 64 mm
Leistung:	30 PS / 3400 (ab 1960: 34 PS / 3600)
Antrieb:	Hinterräder
Gemischaufb.:	1 Solex-Vergaser
Getriebe:	4V
Bremsen:	hydr., Trommel v/h
Höchstgeschw.:	120 km/h
Leergewicht:	810 kg
Reifen:	5.60 x 15
Radstand:	2400 mm
L x B x H :	4140 x 1634 x 1330 mm
Anmerkungen:	Ab 1960 mit 34-PS-Motor.

Karmann-Ghia
1200 Cabriolet

Das Karmann-Ghia Cabriolet war im technischen Aufbau stets identisch mit dem Coupé der gleichen Baureihe. Beliebtes Zubehör waren Stoßstangen mit aufgesetzten Bügeln nach Art der US-Exportausführung, ein Radiogerät und ornamentreiche Radzierblenden, die es auch mit Speichenimitat gab.
Gerade auch um die Chancen auf dem amerikanischen Absatzmarkt zu verbessern, war der Karmann-Ghia seit 1961 mit »Saxomat«-Halbautomatik lieferbar. Auch deutsche Käufer konnten diese ordern. Der Wert dieser mit DM 310,– nicht gerade billigen Bedienungserleichterung war hierzulande umstritten, zeitgenössische Testberichte bevorzugten das manuell zu betätigende Schaltgetriebe.

Baureihe:	VW Typ 1 / Käfer
Modell:	1200 Karmann-Ghia Cabriolet
Bauzeit:	1959–65
Motor:	4 Zylinder Boxer, luftgekühlt
Ventilsteuerung:	ohv, zentrale Nockenwelle
ccm:	1192
B x H:	77 x 64 mm
Leistung:	30 PS / 3400 (ab 1960: 34 PS / 3600)
Antrieb:	Hinterräder
Gemischaufb.:	1 Solex-Vergaser
Getriebe:	4V
Bremsen:	hydr., Trommel v/h
Höchstgeschw.:	120 km/h
Leergewicht:	820 kg
Reifen:	5.60 x 15
Radstand:	2400 mm
L x B x H:	4140 x 1634 x 1330 mm
Anmerkungen:	Ab 1960 mit 34-PS-Motor.

Karmann-Ghia
1300 Coupé/Cabriolet

Auch der Karmann Ghia erhielt die Antriebsachse sowie die neue Vorderachse, die bei der 1300 Käfer-Limousine eingeführt worden war. Quer über die Instrumententafel dieses Karmann-Ghia verlief ein doppeltes Zierband. Der sehr gut ausgestattete Wagen kostete anfänglich DM 6990,–, ab April 1966 DM 7180,–. Das VW Karmann-Ghia Cabriolet entsprach in seinem technischen Aufbau dem Coupé; neu waren die verbesserte Vorderachse, das Armaturenbrett mit verchromten Bedienungsknöpfen sowie die Hebelanordnung an der Lenksäule. Der Preisunterschied zum Coupé betrug 700 Mark.

Baureihe:	VW Typ 1 / Käfer
Modell:	1300 Karmann-Ghia Coupé
Bauzeit:	1965–66
Motor:	4 Zylinder Boxer, luftgekühlt
Ventilsteuerung:	ohv, zentrale Nockenwelle
ccm:	1285
B x H:	77 x 69 mm
Leistung:	40 PS / 4000
Antrieb:	Hinterräder
Gemischaufb.:	1 Solex-Vergaser

Getriebe:	4V
Bremsen:	hydr., Trommel v/h
Höchstgeschw.:	128 km/h
Leergewicht:	830 kg
Reifen:	5.60 x 15
Radstand:	2400 mm
L x B x H:	4140 x 1630 x 1330 mm
Anmerkungen:	Auch mit 34-PS-Motor und in dieser Ausführung mit Saxomat lieferbar.

Karmann-Ghia
1600 Coupé/Cabriolet

Auf Basis des VW Typ 1 1500 (»Superkäfer« mit 44 PS-Motor) stellte Volkswagen im August 1966 das Karmann-Ghia 1500 Coupé vor. Für DM 7445,– bot der 2+2 verhältnismäßig viel Komfort und gute Fahreigenschaften. Viele Karmann-Ghia-Liebhaber bezeichneten dieses Coupé als das optimale Modell der Baureihe. Neu war das Styling des Armaturenbretts, ein kombiniertes Anlassschloss mit Lenksperre und eine arretierbare Rückenlehne der Vordersitze. 1968 Einführung einer serienmäßigen Warnblinkanlage; die Kontrollleuchten an der Instrumententafel erhielten Symbole.
Das Karmann-Ghia Cabriolet kostete 500 Mark mehr als das Coupé und erhielt wie jenes im Laufe seiner Bauzeit die gleichen Verbesserungen. Im August 1970 wurden beide durch das 1,6-Liter-Modell abgelöst, dem letzten Karmann-Ghia auf Basis des VW-Käfers.
Die 1,6-Liter-Version des Karmann-Ghia Coupés wurde von August 1970 an produziert und unterschied sich vom Vorgängermodell im wesentlichen durch die stärkere Maschine, die vom VW 1302 S stammte. Detailverbesserungen betrafen z. B. Abschleppösen vorn und hinten und die Einführung eines Tageskilometerzählers. Ab August 1971 allerdings bekam der Wagen die wenig schönen »Eisenbahnschienen«-Stoßstangen, größere Rückleuchten und eine schwarz überzogene Armaturentafel mit Rundinstrumenten (sie entsprachen denen im VW 411 E).
Neu war auch ein Vierspeichen-Lenkrad mit gepolsterter Nabe. Die Produktion des Coupés endete Anfang 1974, die Cabrioletversion hatte im Juni 1973 geendet. Das Coupé wie das Cabriolet hatte man mit Getriebeautomatik bekommen können.

Baureihe:	VW Typ 1 / Käfer
Modell:	1.6 l Karmann-Ghia Coupé
Bauzeit:	1970–74
Motor:	4 Zylinder Boxer, luftgekühlt
Ventilsteuerung:	ohv, zentrale Nockenwelle
ccm:	1584
B x H:	85,5 x 69 mm
Leistung:	50 PS / 4000
Antrieb:	Hinterräder
Gemischaufb.:	1 Solex-Vergaser
Getriebe:	4V
Bremsen:	Scheiben v, Trommel h, Zweikreis
Höchstgeschw.:	140 km/h
Leergewicht:	870 kg
Reifen:	5.60 x 15
Radstand:	2400 mm
L x B x H :	4140 x 1630 x 1330 mm
Anmerkungen:	Ab August 1972 Bereifung 6.00 x 15.

Scirocco

1.1 l / 50 PS

Nach einem afrikanischen Wüstenwind benannt, gab der Scirocco im März 1974 seinen Einstand. Er stellte eine Sportvariante des Golf dar, der aber erst einige Wochen später präsentiert wurde, und hatte auch dessen Antriebskonzept: Quermotor und Vorderradantrieb. Das 2+2 Coupé mit großer Heckklappe galt als der Nachfolger des Karmann-Ghia; auch wurde seine Karosserie bei Karmann hergestellt. Zunächst gab es den Scirocco mit 85 PS, ab Oktober 1974 auch mit 50 (1,1 Liter) und 70 PS. Insgesamt standen für den Scirocco im Laufe seiner Bauzeit mehr als ein Dutzend Motoren zur Verfügung, die sämtlich dem Golf- bzw. Passat-Programm entstammten. Das bei seiner Vorstellung für DM 11.020,– angebotene Coupé gab es in L- und in TS-Ausführung. 1975 wurde die Bremsanlage verbessert, 1976 kam eine GT-Version (GTi) mit einer großen Zahl von Extras hinzu.

Baureihe:	VW Scirocco
Modell:	Coupé 2+2-sitzer
Bauzeit:	1974 – 77
Motor:	4 Zylinder Reihe, wassergekühlt
Ventilsteuerung:	ohc
ccm:	1093
B x H:	69,5 x 72 mm

Leistung:	50 PS (37 kW) / 6000
Antrieb:	Vorderräder
Gemischaufb.:	1 Solex-Vergaser
Getriebe:	4V
Bremsen:	Scheiben v, Trommel h
Höchstgeschw.:	144 km/h
Leergewicht:	800 kg

Reifen:	155 SR 13
Radstand:	2400 mm
L x B x H :	3850 x 1625 x 1310 mm
Anmerkungen:	Auch mit 1,5-Liter-Motoren (70 und 85 PS). Getriebe-automatik ab 1975 erhältlich. Je nach Ausstattung mit Recht-eck- oder Doppelscheinwerfern.

Scirocco

GTi 1.6 l / 110 PS

Der Scirocco GTi von 1976 mit seinem 110 PS starken 1,6-Liter-Einspritzmotor hatte die Qualitäten eines echten Sportwagens. Serienmäßig war das Coupé mit Halogenscheinwerfern, Doppelhorn, Drehzahlmesser, Sportlenkrad und einer Mittelkonsole ausgestattet. Innenbelüftete Scheibenbremsen und Gürtelreifen gehörten ebenso zum Serienumfang wie vordere und hintere Stabilisatoren. Auffallend war auch der größere Bugspoiler. Der GTi kostete DM 16.931,–, die etwas luxuriöser ausgestattete Variante GLi (Metallic-Lackierung, Scheiben mit Bronzetönung) DM 17.637,–. In punkto Haltbarkeit von Mechanik und Karosserie erwies sich der Scirocco als typischer Volkswagen, auch der Ersatzteile bewegten sich auf entsprechendem Niveau. Eine Ausnahme bildeten die Karosserieteile, diese waren für den Sport-VW teurer.

Kleines Bild: Scirocco 1978, erkenntlich an den größeren Blinkern.

Baureihe:	VW Scirocco
Modell:	Coupé GTi 2+2-sitzer
Bauzeit:	1976 – 81
Motor:	4 Zylinder Reihe, wassergekühlt
Ventilsteuerung:	ohc
ccm:	1588
B x H:	79,5 x 80 mm
Leistung:	110 PS (81 kW) / 6100
Antrieb:	Vorderräder
Gemischaufb.:	Bosch K-Jetronic
Getriebe:	4V
Bremsen:	Scheiben v, Trommel h
Höchstgeschw.:	185 km/h
Leergewicht:	800 kg
Reifen:	175/70 HR 13
Radstand:	2400 mm
L x B x H:	3855 x 1625 x 1310 mm
Anmerkungen:	Mit Ölkühler

Scirocco

1.8 l / 90 PS

1981 präsentierte VW den Scirocco mit einer neuen Karosserie, deren gestrecktere Keilform dem Zeitgeist entsprach, aber auch ein größeres Raumangebot mit sich brachte. Stark betont war die schwarz mattierte B-Säule, ebenso hatten die Radausschnitte schwarze Blenden an den Kanten.
Kleine Unterschiede zeigten die Modelle je nach Motorisierung im Kühlergrill-Einsatz und im Markenemblem.
Der 1981er Scirocco war in den Ausstattungsvarianten L, GL, GT, GLI und GTI zu bekommen. Ab 1989 war nur mehr der Scirocco GT mit 95 PS im Programm: Der elegantere Corrado hatte dem kantigen Coupé den Rang abgelaufen.

Baureihe:	VW Scirocco
Modell:	Coupé 1,8 Liter 2+2-sitzig
Bauzeit:	1983–92
Motor:	4 Zylinder Reihe, wassergekühlt
Ventilsteuerung:	ohc
ccm:	1781
B x H:	81 x 86 mm
Leistung:	90 PS (566 kW) / 5200
Antrieb:	Vorderräder
Gemischaufb.:	1 Solex-Registervergaser
Getriebe:	4V oder 5V
Bremsen:	Scheiben v, Trommel h
Höchstgeschw.:	178 km/h
Leergewicht:	885 kg
Reifen:	175/70 SR 13
Radstand:	2400 mm
L x B x H :	4050 x 1625 x 1280 mm
Anmerkungen:	Zweite Generation. Auch mit 1,3-, 1,5- oder 1,6-Liter-Motor (Vergaser- oder Einspritzer).

Scirocco

GTX 1.8 l / 139 PS

Mit dem Sechzehnventil-1,8-Liter-Motor, ab Juni 1985 angeboten, war der Scirocco ein über 200 km/h schnelles Auto. Ein auffälliger Heckspoiler saß bei diesem Modell quer über der hinteren Scheibe; alle anderen Ausstattungsmerkmale entsprachen der GT-Version. Ab Anfang 1992 war der Scirocco nicht mehr im VW-Programm; seinen Platz nahm jetzt der Corrado ein. 1981-85 gab es den Scirocco GTI/GLI bzw. GT/GTL/GTX als 1,6 Liter mit 110 PS und 1982 –85 mit 1,8-Liter-Motor und 112 PS. Der etwas pummelig geratene Scirocco II konnte nie an die Beliebtheit seines Vorgängers anknüpfen, trotz seiner unbestreitbaren Vorzüge in Bezug auf Verarbeitung, Fahreigenschaften und Benzinverbrauch.

Baureihe:	VW Scirocco
Modell:	Coupé GTX 2+2-sitzer
Bauzeit:	1985–90
Motor:	4 Zylinder Reihe, wassergekühlt
Ventilsteuerung:	dohc 16V
ccm:	1781
B x H:	81 x 86,4 mm
Leistung:	139 PS (102 kW) / 6100
Antrieb:	Vorderräder
Gemischaufb.:	Bosch KA-Jetronic
Getriebe:	5V
Bremsen:	Scheiben v/h
Höchstgeschw.:	208 km/h
Leergewicht:	970 kg
Reifen:	185/60 VR 14
Radstand:	2400 mm
L x B x H :	4050 x 1645 x 1280 mm
Anmerkungen:	Auch mit Katalysator (95 kW / 129 PS)

Scirocco
Cabrio-Umbauten

Auch das Volkswagen-Coupe war in den 80er-Jahren ein Kandidat für dem Umbau zum Cabriolet. Zum Ende des Jahrzehnts boten gleich zwei Firmen Cabrio-Umbauten auf Basis der ersten Generation an: Ostermann-Germer und Bieber-Cabrio. Beide Bausatzanbieter waren optisch deutlich voneinander zu unterscheiden. Auch der Scirocco II wurde gern umgebaut, Bieber bot einen Bausatz für DM 4450,–. Optisch gelungener wirkte der Cabrio-Umbau von Hornstein, 1991. Bei Anlieferung eines kompletten Fahrzeugs kostete der Umbau, vor Ort erledigt, DM 11.980,–. Wie viele Scirocco-Cabrios – die allesamt ohne Billigung des Werks entstanden –, gebaut wurden, ist nicht bekannt.

Ganz oben: Bieber-Cabrio Scirocco I,
oben: Bieber-Cabrio Scirocco II,
links: Hornstein-Cabrio.

Golf

1.1 l / 50 PS

Der VW Golf gilt als Nachfolger des Käfers, hatte auch dessen Radstandsmaß, war aber kürzer und kompakter und verkörperte eine neue Konstruktions-Philosophie. Die Gürtellinie lag relativ niedrig, die Rundumsicht war entsprechend gut. Sein wassergekühlter Vierzylindermotor war vorne quer zur Fahrtrichtung eingebaut und trieb die Vorderräder an. Der Golf wurde im Juli 1974 der Öffentlichkeit als Zwei- und Viertürer präsentiert, wahlweise mit 1,1- oder 1,5-Liter-Motor.

Das gleiche Antriebskonzept hatte VW kurz zuvor beim Scirocco vorgestellt. Der Golf als zweitüriges Grundmodell kostete 7995 Mark und damit so viel wie ein 1303, war aber ausgesprochen spärlich ausgestattet. Das L-Paket zu 650 Mark inkludierte Extras wie Zierleisten, Liegesitzbeschläge, Armlehnen, Zweistufen-Gebläse sowie eine Gepäckraumabdeckung. Einen abblendbaren Innenspiegel, Rückfahrscheinwerfer, die heizbare Heckscheibe wie auch die elektrischen Scheibenwascher gab es im Rahmen des M-Pakets für DM 235,–, und wer seinen Golf mit Scheibenbremsen und Bremskraftverstärker versah, musste noch einmal 290 Mark anlegen.

Baureihe:	VW Golf
Modell:	Limousine, zwei- und viertürig
Bauzeit:	1974–83
Motor:	4 Zylinder Reihe, wassergekühlt
Ventilsteuerung:	ohc
ccm:	1093
B x H:	69,5 x 72 mm
Leistung:	50 PS (37 kW) / 6000
Antrieb:	Vorderräder
Gemischaufb.:	1 Solex-Vergaser
Getriebe:	4V
Bremsen:	Trommel v/h
Höchstgeschw.:	140 km/h
Leergewicht:	750–775 kg
Reifen:	155 SR 13 oder 145-13
Radstand:	2400 mm
L x B x H:	3705 x 1610 x 1410 mm
Anmerkungen:	Auch mit L-Ausstattung. Erster legitimer Käfer-Nachfolger.

Golf

1.3 l / 60 PS

Baureihe:	VW Golf
Modell:	Limousine 1,3 Liter, zwei- und viertürig
Bauzeit:	1979–83
Motor:	4 Zylinder Reihe, wassergekühlt
Ventilsteuerung:	ohc
ccm:	1272
B x H:	75 x 72 mm
Leistung:	60 PS (44 kW) / 5600
Antrieb:	Vorderräder
Gemischaufb.:	1 Solex-Vergaser
Getriebe:	4V
Bremsen:	Scheiben v, Trommel h
Höchstgeschw.:	150 km/h
Leergewicht:	780–805 kg
Reifen:	155 SR 13
Radstand:	2400 mm
L x B x H:	3815 x 1610 x 1410 mm
Anmerkungen:	Auf Wunsch mit Servobremsen.

Unter der Golf-Haube arbeiteten zwei völlig neue Vierzylinder-Reihenmotoren. Die kleinere Baureihe – Typ 801 – wurde mit 0,9, 1,1 und 1,3 Liter auch in Polo, Derby und Audi 50 angeboten, während das größere 827er-Aggregat mit 1,3- und 1,5 Litern Hubraum auch in Passat, Audi 80 und Audi 100 zu finden war. 1975 erhöhte man den Hubraum des 1,5-Liter-Motors auf 1,6 Liter, dessen 75 PS sich in der Version GTi sogar auf 110 PS steigern ließen. Zahlreiche Verbesserungen flossen im Lauf der Jahre in das Golf-Grundmodell ein. Ab August 1979 war der VW Golf mit einem 1,3-Liter-Motor als Ersatz für den 1,5-Liter-Motor mit Schaltgetriebe zu bekommen; charakteristisch für diesen Vierzylinder waren seine Laufruhe und seine Elastizität. 1980 kam eine SC-Ausstattung hinzu mit einer kombinierten Scheibenwisch- und Waschanlage, 70er-Breitreifen, von innen verstellbarem Außenspiegel und Radio. Der Knauf des Schalthebels war in der Form eines Golfballs gehalten.

Golf

1.5 l / 70 PS

Die von Anfang an im Programm enthaltene 1,5-Liter-Version des Golf harmonierte vorzüglich mit der Getriebeautomatik. Sie war speziell für den neuen Quermotor entwickelt worden und stand ab Januar 1975 zur Verfügung; der Aufpreis betrug 705 Mark in Golf S/LS, wobei in diesem Fall der Bremskraftregler für die Hinterräder, der mittels Druckausgleich das Überbremsen und seitliche Ausbrechen verhindern sollte, mit dazu gehörte. Äußerlich unterschied sich der Golf mit dem 70 PS starken 1,5-Liter-Motor nicht vom 50 PS starken 1,1 Liter. 1975 wurde der 1,5 Liter durch den 75 PS starken 1,6 Liter (79,5 x 80 mm) ersetzt, das Golf-Fahrwerk verkraftete diese Mehrleistung klaglos und machte, nach Meinung der Tester, den Golf zu einem temperamentvollen Wagen in dieser Preisklasse.

Baureihe:	VW Golf
Modell:	Limousine 1,5 Liter, zwei- und viertürig
Bauzeit:	1974–77
Motor:	4 Zylinder Reihe, wassergekühlt
Ventilsteuerung:	ohc
ccm:	1471
B x H:	76,5 x 80 mm
Leistung:	70 PS (51 kW) / 5800
Antrieb:	Vorderräder
Gemischaufb.:	1 Solex-Vergaser
Getriebe:	4V
Bremsen:	Scheiben v, Trommel h
Höchstgeschw.:	160 km/h
Leergewicht:	780–830 kg
Reifen:	155 SR 13 oder 175/70 SR 13
Radstand:	2400 mm
L x B x H :	3705 x 1610 x 1410 mm
Anmerkungen:	Auf Wunsch mit Getriebeautomatik. Der 70-PS-Golf war die L- bzw. LS-Version des Golf Basismodells.

Golf

1.5 l Diesel / 50 PS

Baureihe:	VW Golf
Modell:	Limousine 1,5 Liter Diesel, zwei- und viertürig
Bauzeit:	1976–80
Motor:	4 Zylinder Reihe, wassergekühlt
Ventilsteuerung:	ohc
ccm:	1471
B x H:	76,5 x 80 mm
Leistung:	50 PS (37 kW) / 5000
Antrieb:	Vorderräder
Gemischaufb.:	Bosch-Einspritzung
Getriebe:	4V
Bremsen:	Scheiben v, Trommel h
Höchstgeschw.:	140 km/h
Leergewicht:	805–830 kg
Reifen:	155 SR 13
Radstand:	2400 mm
L x B x H:	3705 x 1610 x 1410 mm
Anmerkungen:	Für USA mit Fünfganggetriebe.

Als vierte Motorvariante führte VW 1976 für den Golf einen Dieselmotor ein, der bis 1980 mit 1,5 Liter und anschließend mit 1,6 Liter Hubraum angeboten wurde. Gegen Aufpreis erhielt man dieses Modell mit einem Bremskraftverstärker. Der 50 PS starke Golf Diesel wurde für seine Sparsamkeit gerühmt; der Grundpreis dieses Wagens betrug 1979 DM 11.050,–. Bei Volkswagen liefen seit 1977 erste Versuche mit aufgeladenen Diesel-Triebwerken, doch das angeblich »sparsamste Serienauto der Welt«, wie VW es nannte, debütierte nicht vor März 1982 auf dem Genfer Automobilsalon. Die technische Basis des 70-PS-Diesel bildete das bewährte 827er-Saugtriebwerk, das entsprechend modifiziert worden war. Der Turbolader stammte von der amerikanischen Firma Garrett und verhalf dem TD zu einem spürbaren Zuwachs an Drehmoment über das gesamte Leistungsregister. Das maximale Drehmoment kletterte von 104 Nm bei 2000/min auf 133 Nm bei 2600/min. Von außen sah der GTD wie ein Golf GTi aus – nur dass es keinen GTi gab, der sich mit etwas über sechs Litern begnügte. Im Bild der viertürige VW Golf GTD, wie er von 1982 bis 1983 gebaut wurde.

Golf

1.5 l / 70 PS

Im Jahre 1976 erfuhr der Golf eine Reihe von Detailverbesserungen. So gab es jetzt automatische Gurtaufroller beim Zweitürer, Kopfstützen an den Lehnen der Vordersitze, ferner verchromte Stoßstangen, eine Wisch-Waschanlage mit Intervallschaltung und andere Komfortattribute bei der L-Ausstattung. Die GL-Version war an ihren bronzegetönten Scheiben, blanken Radzierkappen und blanken Schwellerleisten erkennbar. Heckscheibenwischer galten bei allen Modellen als Sonderzubehör. Zum Modelljahr 1978 kamen neue Türgriffe und ein neuer 1,6-Liter-Motor mit 70 PS (vorher: 75 PS). Die Preisliste begann beim 50-PS-Golf für 9540 Mark, der billigste Diesel kostete DM 10.950,–. Abgesehen vom GTI waren alle Modelle auch mit vier Türen lieferbar, der Aufpreis betrug jeweils 535 Mark. Überdies erhielten alle Golf-Modelle Stoßfänger aus Kunststoff, die bis zu den Radausschnitten herumgezogen waren.

Baureihe:	VW Golf
Modell:	Limousine 1,5 Liter, zwei- und viertürig
Bauzeit:	1977–83
Motor:	4 Zylinder Reihe, wassergekühlt
Ventilsteuerung:	ohc
ccm:	1457
B x H:	79,5 x 73,4 mm
Leistung:	70 PS (51,5 kW) / 5600
Antrieb:	Vorderräder
Gemischaufb.:	1 Solex-Vergaser
Getriebe:	4V
Bremsen:	Scheiben v, Trommel h
Höchstgeschw.:	158 km/h
Leergewicht:	780–830 kg
Reifen:	155 SR 13 oder 175/70 SR 13
Radstand:	2400 mm
L x B x H :	3705 x 1610 x 1410 mm
Anmerkungen:	Ausstattungsversionen: L, S, LS, GLS. Für USA auch mit Bosch-Benzineinspritzung und Fünfganggetriebe.

Golf

GTi 1.6 l / 110 PS

Der Golf GTi als Wolf im Schafspelz avancierte zum Kultobjekt. Seine Leistung, seine nicht allzu auffällige Erscheinung und seine Wirtschaftlichkeit machten diesen Wagen, den es nur in zweitüriger Ausführung gab, nicht zuletzt auch zu einem Fahrzeug von gutem Wiederverkaufswert. Sein Erfolgsrezept war simpel – doch außer Volkswagen hatte es noch niemand ausprobiert: Ein kompaktes, leichtes Auto (800 kg) kombiniert mit einem 110 PS starken Motor sorgte für fulminante Fahrleistungen: Beschleunigung von 9,2 s auf 100 km/h und eine Spitze von 182 km/h hatte es in dieser Wagenklasse noch nicht gegeben. Unter der Frontschürze wies der GTi einen Bugspoiler auf. Ab 1978 gab es voluminösere Stoßfänger aus Kunststoff (die den Wagen um 11 Zentimeter länger machten) sowie ein Ökonometer (Verbrauchsanzeige) bei den Instrumenten; ab 1979 war der GTI mit Fünfgangschaltung zu bekommen. Sein Debüt gab er zur IAA 1975, seine Auslieferung erfolgte im Juni 1976. Er kostete DM 13.850,–.
Mit dem Golf wagte Volkswagen den Einstieg in den Motorsport. Der erste Rallye-Golf war Ende 1974 93 PS stark und wog 840 kg, der erste Einsatz erfolgte bei der Hessen-Rallye 1975. Nachdem der GTI erschienen war, diente dieser als Ausgangsbasis. Der erste Rallye-GTI kam auf 121 PS und 870 kg, 1978 war VW mit dem GTI bei der Rallye Monte Carlo am Start. Zählbare Ergebnisse gab es nach 1979 mit dem Gruppe-2-GTI, der bei einem Kampfgewicht von 790 kg gut 170 PS leistete und VW den ersten nationalen Vize-Meistertitel bescherte und den ersten Sieg bei einem EM-Lauf. 1980 kam ein fünfter Platz bei der »Monte« dazu, 1981 schafften A. Stock/P. Schmuck mit ihrem GTI den Titel-Gewinn in der Rallye-DM.

Baureihe:	VW Golf
Modell:	1,6 Liter Limousine, zweitürig; GTi
Bauzeit:	1976–80
Motor:	4 Zylinder Reihe, wassergekühlt
Ventilsteuerung:	ohc
ccm:	1588
B x H:	79,5 x 80 mm
Leistung:	110 PS (81 kW) / 6100
Antrieb:	Vorderräder
Gemischaufb.:	Bosch K-Jetronic
Getriebe:	4V
Bremsen:	Scheiben v, Trommel h
Höchstgeschw.:	182 km/h
Leergewicht:	810 kg
Reifen:	175/70 HR 13
Radstand:	2400 mm
L x B x H :	3705 x 1610 x 1410 mm
Anmerkungen:	Motor mit Ölkühler

SCHERER
Rheila
"Gegen Frosch im Hals"
Mobil
RALLYE
22
SACHS
HELLA

Golf

1.1 l / 50 PS

Baureihe:	VW Golf
Modell:	Limousine 1,1 Liter, zwei- und viertürig
Bauzeit:	1980–83
Motor:	4 Zylinder Reihe, wassergekühlt
Ventilsteuerung:	ohc
ccm:	1093
B x H:	69,5 x 72 mm
Leistung:	50 PS (37 kW) / 6000
Antrieb:	Vorderräder
Gemischaufb.:	1 Solex-Vergaser
Getriebe:	4V
Bremsen:	Scheiben v, Trommel h
Höchstgeschw.:	140 km/h
Leergewicht:	750–775 kg
Reifen:	145 SR 13
Radstand:	2400 mm
L x B x H:	3815 x 1610 x 1410 mm
Anmerkungen:	Auch mit 1,3-, 1,5-, 1,6-Liter-Benziner und 1,6-Liter-Diesel/Turbodiesel.

Im August 1980 erhielt der Golf größere Rückleuchten, und die 70-PS-Ausführung wurde mit einem Fünfganggetriebe ausgestattet, dessen oberster Gang als Spargang ausgelegt war. VW sprach vom 4+E-Schaltgetriebe (E = Economy). Nach wie vor war der 1,1 Liter als Einstiegsmodell im Programm; mit einem Preis von DM 10.463,– noch immer ein attraktives Angebot. Besonders interessant war der sparsame 1,6 Liter Turbodiesel (1982–83) mit 70 PS/51 kW. Der Golf-Kunde konnte in dieser Leistungsklasse auch ein Benzinmodell erhalten. Der 1,5 L/70-PS-Benziner Golf CL verbrauchte im Schnitt rund zwei Liter mehr als der GTD, war aber um knapp DM 3000,– billiger als der Turbo-Diesel. Die Kostenbilanz für Normalfahrer war eindeutig: Nur für Vielfahrer rentierte sich das Drehmoment-Wunder aus Wolfsburg, spitze Rechner gaben dem CL den Vorzug. Den Siegeszug des Diesels vermochte diese Tatsache allerdings nicht zu stoppen.

Golf

GTi 1.8 l / 112 PS

Baureihe:	VW Golf
Modell:	1,8 Liter Limousine, zwei- und viertürig, GTi
Bauzeit:	1981 – 83
Motor:	4 Zylinder Reihe, wassergekühlt
Ventilsteuerung:	ohc
ccm:	1781
B x H:	81 x 86,4 mm
Leistung:	112 PS (82 kW) / 5800
Antrieb:	Vorderräder
Gemischaufb.:	Bosch K-Jetronic
Getriebe:	5V, 1R
Bremsen:	Scheiben v, Trommel h
Höchstgeschw.:	186 km/h
Leergewicht:	860 – 890 kg
Reifen:	175/70 HR 13
Radstand:	2400 mm
L x B x H :	3815 x 1630 x 1395 mm
Anmerkungen:	Leichte äußere Modifikationen.

Der Golf erhielt 1980 ein neues Heckdesign, so auch der GTi. Die größeren Rücklichter erhielten eine integrierte Nebelschlussleuchte, und im Zuge einiger Verbesserungen im Interieur bekam der Wagen auch ein neues Armaturenbrett. Besonders interessant war der GTi mit dem 1982 eingeführten 1,8-Liter-112-PS-Einspritzmotor; dieses Aggregat sollte auch in den nachfolgenden Golf-Generationen beibehalten werden und durch eine Reihe von Modifikationen aktuell bleiben.
Zahlreiche Tuner boten für den GTi Umbausätze an, am bekanntesten war der Kit mit Serie-50-Reifen von Pirelli auf fünfeinhalb-Zoll-Alurädern von ATS und 1,8 Liter-125-PS-Motor von Oettinger. Damit setzte dieser Golf auch im Rallye-Motorsport Akzente. Ab 1981 war der GTI auch viertürig lieferbar. Mit dem Sondermodell »Pirelli-GTI« verabschiedete sich die erste GTI-Generation vom Markt, rund 460.000 Exemplare waren entstanden. In Deutschland gelangten etwa 180.000 GTI in den Verkehr.

Golf

Cabriolet 1.5 Liter

Als Nachfolger des Käfer-Cabrios erschien 1979 ein Cabriolet auf Basis des Golf, gebaut bei der Firma Karmann in Osnabrück. Der Wagen wurde als zweitüriger Viersitzer mit Mittelbügel konzipiert, was zu heftigen Protesten seitens der eingefleischten Käfer-Cabrio-Fahrer führte. Der Bügel schien aber wegen des sensiblen US-Marktes unverzichtbar zu sein. Die Karosserie wies zudem eine Anzahl von Verstärkungen auf, um die Verwindungssteifigkeit zu gewährleisten, wie sie eine Limousine mit ihrem geschlossenen Karosseriekörper hat. Das geöffnete Verdeck lag auf dem Heckteil auf und beanspruchte keinen Platz im Kofferraum (der allerdings sowieso ausgesprochen klein ausfiel). Das Schließen erleichterten zwei Gasdruckfedern. Durch eine 20 mm starke Gummihaar-Einlage war das Verdeck weitgehend winterfest. Lieferbar war der Wagen in GLS- und GLI-Ausstattung; die Preise begannen bei DM 17.389,– für den 1,5-Liter.

Baureihe:	VW Golf
Modell:	Cabriolet 1,5 Liter, zweitürig
Bauzeit:	1979–87
Motor:	4 Zylinder Reihe, wassergekühlt
Ventilsteuerung:	ohc
ccm:	1457
B x H:	79,5 x 73,4 mm
Leistung:	70 PS (51,5 kW) / 5600
Antrieb:	Vorderräder
Gemischaufb.:	1 Solex-Vergaser
Getriebe:	4V
Bremsen:	Scheiben v, Trommel h
Höchstgeschw.:	150 km/h
Leergewicht:	910 kg
Reifen:	155 SR 13
Radstand:	2400 mm
L x B x H :	3815 x 1610 x 1410 mm
Anmerkungen:	Auch mit 1,6- und 1,8-Liter-Motor.

Golf

Cabriolet 1.6/1.8 Liter

Baureihe:	VW Golf
Modell:	Cabriolet 1,6 Liter, zweitürig
Bauzeit:	1987 – 93
Motor:	4 Zylinder Reihe, wassergekühlt
Ventilsteuerung:	ohc
ccm:	1595
B x H:	81 x 77,4 mm
Leistung:	75 PS (55 kW) / 5000
Antrieb:	Vorderräder
Gemischaufb.:	1 Register-Vergaser
Getriebe:	4V oder 4V+E
Bremsen:	Scheiben v, Trommel h
Höchstgeschw.:	154 km/h
Leergewicht:	930 kg
Reifen:	175/70 SR 13
Radstand:	2400 mm
L x B x H:	3990 x 1640 x 1395 mm
Anmerkungen:	Auch mit Katalysator und mit 1,8-Liter-Motor. Im Bild »Quartett-« Ausführung, 1992.

Alle Verbesserungen, die der VW Golf im Laufe der Modellpflege erfuhr, kamen auch dem Cabriolet zugute. Das in seiner Ausstattung aufgewertete Fahrzeug, noch auf der Golf I Limousine basierend, erhielt man ab 1987 mit 1,6- oder 1,8-Liter-Motor, wobei der 1,8-Liter-Einspritzmotor von 112 PS besonders interessant war (GLI- oder Quartett-Ausführung). Die Preise bewegten sich zwischen DM 28.315,– und 33.350,–. In nur wenig veränderter Ausführung baute man das Cabriolet bis zur Einführung des Golf III weiter; die Ausstattungsvarianten hießen Young Line, Sport Line und Classic Line. Wichtige, cabriospezifische Änderungen gab es 1981 (geändertes Verdeckgestänge, es ließ sich nun 10 cm niedriger zusammenfalten), 1983 (Sportsitze Serie), 1984 (Reifen 175/70 und Radlaufverbreiterungen für 55-kW-Modell), 1986 (Golf Cabrio »Quartett« als zusätzliche Variante), 1988 (Radlauf- und Schwellerverbreiterungen in Wagenfarbe Serie, neue Stoßfänger, Fernscheinwerfer) und 1990 (geänderte Tür- und Seitenverkleidungen). Zahlreiche Sondermodelle lieferbar.

Golf

Cabrio-Umbauten

Sowohl für den Golf I als auch den Golf II gab es zahlreiche Umbaumöglichkeiten. Die Firma Bieber, Borken, ein Pionier in Sachen Cabrio-Umbau, bot für knapp 3500 Mark die Möglichkeit, für kleines Geld an ein Cabrio zu kommen. Die Heckpartie bestand dabei aus GfK, die hinteren Seitenfenster ließen sich stecken. Den Umbau sollte ein begabter Bastler auch in Eigenarbeit schaffen können, und Tüv-fähig war das Ganze auch. Bausätze für Cabrios bot auch Speedster Cabrio Design in Fuldabrück an; ihr Arrow-Targa mit GfK-Heck war so ziemlich die radikalste Möglichkeit, einen Golf nachhaltig zu verändern. Der komplette Bausatz kam auf 3950 Mark.

Ganz oben: Karmann Cabrio Prototyp: ohne Überrollbügel und mit versenkbarem Verdeck,
oben: Speedster Cabrio Design,
links: Ostermann, Osnabrück.

Golf II

1.3 l / 55 PS

Im August 1983 erfolgte die Vorstellung einer neuen Golf-Generation, Golf II genannt. Die Karosserie war glattflächiger geworden, das Interieur war völlig neu, die hintere Ladekante durch eine weiter herabreichende Heckklappe niedriger. Es gab den Golf II in den Ausstattungen C, CL, GL, GTi und GTD. Wahlweise bot VW Servolenkung, elektrische Fensterheber und Zentralverriegelung an; die Motorenauswahl hatte sich auf sechs Triebwerke erweitert. Meistverkauftes Modell war der 1,6-Liter mit 75 PS. Den 1,8-Liter-Benziner konnte man auch mit Kraftstoffeinspritzung und Katalysator erhalten. Der etwas längere Radstand und Verbesserungen am Fahrwerk kamen der Straßenlage des Wagens zugute.

Baureihe:	VW Golf II
Modell:	1,3 Liter, Limousine zwei- und viertürig
Bauzeit:	1983–91
Motor:	4 Zylinder Reihe, wassergekühlt
Ventilsteuerung:	ohc
ccm:	1272
B x H:	75 x 72 mm
Leistung:	55 PS (40,5 kW) / 5400
Antrieb:	Vorderräder
Gemischaufb.:	1 Register-Vergaser
Getriebe:	4V
Bremsen:	Scheiben v, Trommel h
Höchstgeschw.:	151 km/h
Leergewicht:	845–865 kg
Reifen:	155 SR 13 oder 175/70 SR 13
Radstand:	2475 mm
L x B x H:	3985 x 1665 x 1415 mm
Anmerkungen:	Auch mit 1,6- und 1,8-Liter-Motor sowie mit 1,6-Liter-Diesel- oder Turbodieselmotor.

Golf II

GTi 1.8 l / 112 PS

Baureihe:	VW Golf II
Modell:	GTi 1,8 Liter
Bauzeit:	1984 – 91
Motor:	4 Zylinder Reihe, wassergekühlt
Ventilsteuerung:	ohc
ccm:	1781
B x H:	81 x 86,4 mm
Leistung:	112 PS (82,5 kW) / 5500
Antrieb:	Vorderräder
Gemischaufb.:	Bosch K-Jetronic
Getriebe:	5V
Bremsen:	Scheiben v/h
Höchstgeschw.:	190 km/h
Leergewicht:	ab 920 kg
Reifen:	185/60 HR 14
Radstand:	2475 mm
L x B x H :	3985 x 1665 x 1415 mm
Anmerkungen:	US-Ausführung mit 100 PS

Die GTI-Ausführung des Golf II erschien zum Frühjahr 1984 mit Scheibenbremsen nun auch an den Hinterrädern sowie umfangreichen Verbesserungen am Fahrwerk, das gegenüber den schwächeren Golf-Modellen um zehn mm tiefer gelegt worden war. Im vergleich zum Vormodell zugenommen hatten der Komfort im Interieur und das Volumen des Kofferraums, auch fasste der Kraftstofftank nunmehr 55 (statt vorher 40) Liter. Der Basispreis des 1,8 Liter GTi betrug bei seiner Vorstellung DM 21.525,–. Allerdings reagierte die Fan-Gemeinde zunächst enttäuscht, denn der neue GTI war kein Kraftkerl mehr, wie es der alte gewesen war. Er sei zu schwer und zu lahm, monierten die GTI-Fans, zumal auch die Messwerte (0 – 100 km/h 9,7 s) nicht so berauschend ausfielen wie erwartet.

Golf II

GTI 1.8 l / 112 PS

Baureihe:	VW Golf II
Modell:	1,8 Limousine, zwei- und viertürig, GTI
Bauzeit:	1983–87
Motor:	4 Zylinder Reihe, wassergekühlt
Ventilsteuerung:	ohc
ccm:	1781
B x H:	81 x 86,4 mm
Leistung:	112 PS (82,5 kW) / 5500
Antrieb:	Vorderräder
Gemischaufb.:	Bosch K-Jetronik
Getriebe:	5V
Bremsen:	Scheiben v/h
Höchstgeschw.:	191 km/h
Leergewicht:	920–940 kg
Reifen:	175/70 HR 13 oder 185/60 HR 14
Radstand:	2475 mm
L x B x H:	3985 x 1680 x 1405 mm
Anmerkungen:	Motor mit Ölkühler

Die allgemeine Golf-Modellpflege 1985 hatte auch dem GTI einige Modifikationen gebracht. Die markanteste Änderung bestand im Doppelscheinwerfergrill mit Zusatzscheinwerfern und roten Zierstreifen an Stoßfängern und Seitenschutzleisten. Überdies waren die Schweller in Schwarz gehalten.
Im Juni 1985 erfolgte die Vorstellung des GTI 16V mit Vierventil-Zylinderkopf und Fünfgang-Getriebe.
Der 102 kW/139 PS starke Überflieger bot Fahrleistungen auf dem Niveau des Ur-GTI und beschleunigte in 8,4 Sekunden auf 100 km/h. Seine Spitze lag bei über 200 km/h. Das Fahrwerk war tiefer gelegt und die Bremsanlage verstärkt worden. Im Frontspoiler waren Lufteinlässe für die vorderen Scheibenbremsen. Der 16V rollte auf 14-Zoll-Rädern und Reifen der Dimension 185/60 R 14V. Allerdings begann die Auslieferung des 16V erst 1986, während der 112-PS-starke GTI weiterhin im Programm stand.

Golf II

GTI 1.8 l / 107 PS

Baureihe:	VW Golf II
Modell:	1,8 Limousine, zwei- und viertürig, GTI
Bauzeit:	1987–91
Motor:	4 Zylinder Reihe, wassergekühlt
Ventilsteuerung:	ohc
ccm:	1781
B x H:	81 x 86,4 mm
Leistung:	107 PS (79 kW) / 5400
Antrieb:	Vorderräder
Gemischaufb.:	elektron. Einspritzung Digifant
Getriebe:	5V
Bremsen:	Scheiben v/h
Höchstgeschw.:	186 km/h
Leergewicht:	920–940 kg
Reifen:	175/70 HR 13 oder 185/60 HR 14
Radstand:	2475 mm
L x B x H :	3985 x 1680 x 1405 mm
Anmerkungen:	Facelift gegenüber dem Vormodell. Mit Katalysator lieferbar.

m Juni 1986 erschien der normale GTI mit Digifant-Gemischaufbereitung und US-Kat. Die Einführung des geregelten Katalysators kostete ihn fünf PS, er leistete jetzt 79 kW. Zum Jahresende erfolgte dann die Einführung des 1,8-Liter-16V Kat, dem lediglich noch 129 PS/95 kW zur Verfügung standen. Die GTI ohne Katalysator wurden noch parallel dazu bis Ende 1988 verkauft. VW bot diese GTI als Zwei- und auch als Viertürer an. Die Preise für den 16V begannen bei DM 25.595,– (Viertürer: 750 Mark Aufpreis). Zu den äußeren Merkmalen des leistungsstärksten Golfs gehörten Dachantenne sowie der Frontspoiler mit Kühlluftöffnungen für die vorderen Scheibenbremsen. Facelifting-Maßnahmen des Jahres 1987 bescherten dem Golf GTI II Änderungen an der Front, so wies der Kühllufteinlass im Bug jetzt weniger, aber stärkere Querrippen auf. Es entfiel das Ausstellfenster in der Tür, und die Außenspiegel saßen weiter vorn. Die Basisversion kostete DM 27.235,–.

Golf II

Synchro 1.8 l / 90 PS

Im September 1985 präsentierte VW auf der Frankfurter Automobilausstellung den Prototyp des Golf syncro. Dieses Modell mit Allradantrieb gab es nur mit dem 1,8-Liter-Motor. Die schlupfabhängige Kraftverteilung vorn/hinten erfolgte über eine Viscokupplung; der automatische Freilauf sorgte beim Bremsen für eine Entkuppelung der Hinterräder. Antriebstechnik und Fahrwerk waren identisch mit dem Passat syncro, dessen Motor allerdings 2,0 Liter Hubraum hatte. Der Golf syncro war in den Ausstattungsvarianten C, CL und GT zu bekommen.

Baureihe:	VW Golf II
Modell:	Syncro 1,8 Liter, Limousine zwei- und viertürig
Bauzeit:	1986–91
Motor:	4 Zylinder Reihe, wassergekühlt
Ventilsteuerung:	ohc
ccm:	1781
B x H:	81 x 86,4 mm
Leistung:	90 PS (66 kW) / 5200, ab 1989: 98 PS (72 kW)
Antrieb:	Allrad
Gemischaufb.:	1 Register-Vergaser
Getriebe:	4V+E oder Automatik
Bremsen:	Scheiben v, Trommel h
Höchstgeschw.:	178 km/h
Leergewicht:	1070–1090 kg
Reifen:	175/70 HR 13 oder 165/60 HR 14
Radstand:	2475 mm
L x B x H :	3985 x 1665 x 1415 mm
Anmerkungen:	Auch mit Katalysator / Bosch K-Jetronic. ABS serienmäßig.

10-Mio-Golf

1.3 l / 55 PS

Baureihe:	VW Golf II
Modell:	1,3 Liter Limousine zwei- und viertürig
Bauzeit:	1988–91
Motor:	4 Zylinder Reihe, wassergekühlt
Ventilsteuerung:	ohc
ccm:	1272
B x H:	75 x 72 mm
Leistung:	55 PS (40 kW) / 5200
Antrieb:	Vorderräder
Gemischaufb.:	elektron. Einspritzung Digijet
Getriebe:	4V
Bremsen:	Scheiben v, Trommeln h
Höchstgeschw.:	151 km/h
Leergewicht:	ab 845 kg
Reifen:	175/70 SR 13
Radstand:	2475 mm
L x B x H:	3985 x 1665 x 1415 m
Anmerkungen:	Jubiläumsmodell, versch. Motorisierungen

Volkswagen war der Vorreiter in Sachen Sondermodelle. Konsequent wie kein anderer deutscher Hersteller verstanden es die Wolfsburger, ihre Modellpalette durch die Einführung ständig neuer (und besonders gut ausgestatteter) Fahrzeugvarianten im Gespräch zu halten. Stellvertretend für all die »Hit-«, »Manhattan-«, »Bistro-«, »Tour-«, »Fun-« oder »Sky-«Modelle sei hier der »10-Millionen-Golf« vorgestellt. Das Sondermodell vom Juni 1988 war in der Sonderfarbe »starblue metallic« erhältlich, hatte farbig ausgelegte Leichtmetallräder mit 185/60er Breitreifen, blau getönte Scheiben, von innen einstellbare Außenspiegel und teilweise abgedunkelte Rückleuchten. Der Innenraum war passend dazu abgestimmt und hatte u. a. Sportlenkrad und Mittelkonsole. Dazu gab es ein Zertifikat. Lieferbar war der 10-Millionen-Golf zwei- oder viertürig mit Motoren von 55 bis 90 PS sowie als 70-PS-TD. Preise: ab DM 19.375,–.

Golf II

GTI G60

Dieses Auto war eine betont sportliche Version des VW Golf GTI und mit dem G-Lader über 200 km/h schnell. Den GTI mit aufgeladenem Motor hatte man ab März 1990 kaufen können; die Allradversion kam ein Jahr später auf den Markt. Merkmal des Allrad-Antriebs war die variable, schlupfabhängige Kraftverteilung zwischen Vorder- und Hinterachse. Anstelle eines Verteilerdifferentials verwendeten die Wolfsburger eine mit zähflüssigem Silikon-Öl gefüllte Lamellenkupplung.
Auf Wunsch gab es dieses Fahrzeug mit elektronisch aktivierter Differentialsperre (EDS). Das Fahrwerk des G60 stammte vom Rallye-Golf; Servolenkung und ABS hatten beide Versionen serienmäßig.

Baureihe:	VW Golf II
Modell:	Limousine, zwei- und viertürig, GTI G60
Bauzeit:	1990–91
Motor:	4 Zylinder Reihe, wassergekühlt
Ventilsteuerung:	ohc
ccm:	1781
B x H:	81 x 86,4 mm
Leistung:	160 PS (118 kW) / 5800
Antrieb:	Vorderräder
Gemischaufb.:	elektron. Einspritzung Digifant, G-Lader mit Ladeluftkühlung
Getriebe:	5V
Bremsen:	Scheiben v/h, ABS
Höchstgeschw.:	216 km/h
Leergewicht:	1080–1105 kg
Reifen:	185/55 VR 15
Radstand:	2475 mm
L x B x H:	4040 x 1700 x 1405 mm
Anmerkungen:	G-Lader mit Ladeluftkühlung. Auch in syncro-Ausführung (Allradantrieb).

Golf II

1.6 l Diesel / 54 PS

Der Golf II wartete mit einem neuen, auf 1,6 Liter vergrößerten Dieselmotor auf. Besonders in der E-Ausführung (Getriebe mit Schongang) war der neue Diesel-Golf ein Spar-Auto; seine Verbrauchswerte nach ECE-Norm lagen im 6-Liter-Bereich. Nur der gleichzeitig angebotene Turbodiesel bot eine noch intensivere Kraftstoffausbeute und kam auf geringfügig günstigere Werte. Mit einem Grundpreis von DM 16.850,– bot der Diesel-Golf sehr viel Auto fürs Geld und amortisierte sich nicht zuletzt durch eine hohe Lebenserwartung. Seit 1990 gab es den 1,6-l-Selbstzünder mit Oxidations-Katalysator. Der 44 kW/60 PS starke Golf war damit der erste Diesel-Pkw, der die strengen Grenzwerte unterschritt und damit in den Genuss einer steuerlichen Förderung kam. Im Bild ein GL Diesel von 1987 bis 1991.

Baureihe:	VW Golf II
Modell:	1,6 Liter Diesel, Limousine zwei- und viertürig
Bauzeit:	1983–91
Motor:	4 Zylinder Reihe, wassergekühlt
Ventilsteuerung:	ohc
ccm:	1588
B x H:	76,5 x 86,4 mm
Leistung:	54 PS (39,5 kW) / 4800
Antrieb:	Vorderräder
Gemischaufb.:	Bosch-Einspritzung
Getriebe:	4V oder 4V+E
Bremsen:	Scheiben v, Trommel h
Höchstgeschw.:	148 km/h
Leergewicht:	900–940 kg
Reifen:	155SR 13 oder 175/70 SR 13
Radstand:	2475 mm
L x B x H :	3985 x 1665 x 1415 mm
Anmerkungen:	Auch als Turbodiesel. Auf Wunsch Getriebeautomatik; Ausstattungsvarianten C, CL, GL.

Golf II

Country 1.8 l / 98 PS

Baureihe:	VW Golf II
Modell:	Country 1,8 Liter, Limousine viertürig
Bauzeit:	1990–91
Motor:	4 Zylinder Reihe, wassergekühlt
Ventilsteuerung:	ohc
ccm:	1781
B x H:	81 x 86,4 mm
Leistung:	98 PS (72 kW) / 5400
Antrieb:	Allrad
Gemischaufb.:	elektron. Einspritzung Digifant
Getriebe:	5V
Bremsen:	Scheiben v, Trommeln h
Höchstgeschw.:	155 km/h
Leergewicht:	1245 kg
Reifen:	195/60 VR 15
Radstand:	2480 mm
L x B x H :	4255 x 1705 x 1555 mm
Anmerkungen:	Katalysator serienmäßig

Der hochbeinige und durch einiges Karosseriezubehör auffällige Golf Country wurde auf dem Genfer Salon 1989 gezeigt und zunächst als Studie deklariert, kam aber 1990 ins Programm. Er hatte permanenten Allradantrieb über Visco-Kupplung, ein modifiziertes Fahrwerk mit neuen Federbeinen und neuer Feder-/Dämpfer-Abstimmung.

Zwischen Achsen und Karosserie waren rahmenartig verbundene Distanzstücke montiert, die Bodenfreiheit betrug 180 mm, das waren 60 mm mehr als ein normaler Golf bot. Das Reserverad saß an einem Bügel auf dem Fahrzeugheck, vor dem Kühler wies der Wagen ein Gitter auf, das auch die Scheinwerfer einfasste. Unter der Ölwanne hatte der Country ein Schutzblech, er konnte Böschungswinkel von bis zu 25 Grad erklimmen: Der kompakte Viertürer war zumindest bedingt geländetauglich. Nach nur zwei Baujahren nahm VW den Country allerdings wieder aus dem Golf-Programm.

Golf II

Rallye-Golf 1.8 l / 160 PS

Baureihe:	VW Golf
Modell:	Rallye-Golf, Limousine zweitürig
Bauzeit:	1989–90
Motor:	4 Zylinder Reihe, wassergekühlt
Ventilsteuerung:	ohc
ccm:	1781
B x H:	80,6 x 86,4 mm
Leistung:	160 PS (118 kW) / 5600
Antrieb:	Vorderräder
Gemischaufb.:	elektron. Einspritzung Digifant, G-Lader mit Ladeluftkühlung
Getriebe:	5V
Bremsen:	Scheiben v/h; Servo, ABS
Höchstgeschw.:	206 km/h
Leergewicht:	1195 kg
Reifen:	205/50 VR 15
Radstand:	2475 mm
L x B x H :	4035 x 1700 x 1400 mm
Anmerkungen:	Straßenversion für den Rallyesport

Beim GTI-Treffen am Wörthersee überraschte Volkswagen im Juni 1988 die Fangemeinde mit der Studie eines »Super-Golf«. Zum Genfer Salon wurde aus der Studie dann Wirklichkeit. Mit auffallend verbreiterten Kotflügeln für die serienmäßig aufgezogenen Breitreifen, angesetzten Seitenschwellern, Breitscheinwerfern und einem zusätzlichen Gitterband unter dem Kühlergrill gab sich der Rallye-Golf optisch spektakulär. Ein kräftiger Frontspoiler, Sportsitze und Verzicht auf Chrom waren weitere Merkmale dieses auf eine Stückzahl von 5000 begrenzten Wagens, der mit G-Lader, ABS, Servolenkung, 15-Zoll-Fahrwerk und syncro-Allradantrieb immerhin DM 44.500 kostete. Der Rallye-Golf war ausschließlich als Zweitürer zu haben, die Auspreisliste umfasste nur wenige Positionen: Schiebedach, elektrische Fensterheber, elektr. Außenspiegel (beheizbar), Zentralverriegelung, Recaro-Sitze, hintere Kopfstützen sowie zwei verschiedene Radio-Cassettengeräte.

Golf II

Cabrio-Umbauten

Da Volkswagen den Golf der zweiten Generation nicht als Cabrio anbot, versuchten findige Aufschneider, diese Lücke zu schließen. Die meisten dieser Hersteller hatten auch Umbausätze für die erste Golf-Generation im Angebot, so zum Beispiel die Firma Bieber. Für den Umbau eines Golf II gab es mehrere Anbieter. Einer davon war Speedster-Cabrio Design in Fuldabrück, wo 1990 das erste Golf-Cabrio vorgestellt wurde. Auch das Cabrio von Ostermann-Germer verzichtete auf einen Überrollbügel. Die Cabrio-Lösung der Firma Ostermann unterschied sich insbesondere durch die Verdeckkonstruktion mit festem Mittelteil über den Vordersitzen von den Mitbewerbern. Hoffmann-Speedster in Viersen hatte nur den Golf II im Programm, der mit Verdeck 3100 Mark kostete. Auch Freier in Hamburg, mit einem Jetta-II-Cabrio in Erscheinung getreten, stellte zur IAA 1989 ein Golf-Cabrio vor, dessen Verdeckgestänge vom Karmann-Cabrio stammte.

Ganz oben: Speedster Cabrio Design,
oben: Bieber-Cabrio,
links: Ostermann, Osnabrück.

Oben: Ostermann, unten: Ostermann-Germer.

Golf III

1.4 l / 60 PS

Der zum »Auto des Jahres« gewählte Golf in der dritten Generation wies ein völlig neues Karosseriedesign auf. Er war geräumiger geworden, obwohl der Radstand unverändert geblieben ist. Harmonisch fügte sich die Frontpartie mit ihren flachen Scheinwerfern in die keilförmige Silhouette des Wagens; alle Scheiben schlossen bündig mit der Karosserie. Breite Stoßfänger vorn und hinten reichten in die Seitenflächen hinein; ihre optische Verbindung stellte eine breite, über die Türen führende Schutzleiste dar. Die Produktion des Golf III setzte im August 1991 ein, wobei die technische Konzeption mit Front-Quermotor und angetriebenen Vorderrädern beibehalten wurde. Ausstattungsvarianten: CL, GL, GT, GTI. Das Cabriolet entsprach weiterhin der Golf-I-Ausführung.

Baureihe:	VW Golf III
Modell:	1,4 Liter Limousine, zwei- und viertürig
Bauzeit:	1991 – 97
Motor:	4 Zylinder Reihe, wassergekühlt
Ventilsteuerung:	ohc
ccm:	1391
B x H:	75 x 78,7 mm
Leistung:	60 PS (44 kW) / 5200
Antrieb:	Vorderräder
Gemischaufb.:	Bosch Monomotronic
Getriebe:	4V oder 5V
Bremsen:	Scheiben v, Trommel h
Höchstgeschw.:	157 km/h
Leergewicht:	960 – 585 kg
Reifen:	175/70 TR 13
Radstand:	2475 mm
L x B x H:	4020 x 1695 x 1425 mm
Anmerkungen:	Dritte Generation. Auch mit 1,6-, 1,8- und 1,9-Liter-Dieselmotor.

Golf III

1.9 l Diesel / 64 PS

Die neue Golf-Generation umfasste nicht weniger als 18 Ausführungen. Die Varianten CL und GL konnte man sowohl mit aufgeladenem als auch mit einem Saug-Dieselmotor erhalten; beide hatten 1,9 Liter Hubraum. Nur wies der Turbodieselmotor elf zusätzliche PS auf, ohne mehr Kraftstoff zu verbrauchen. Die glattflächige Karosserie des Golf III kam der Verbrauchsökonomie spürbar zugute. Mit CL-Ausstattung kostete der viertürige Golf TDI DM 23.785,–.
Serienanlauf der dritten Golf-Generation war im November 1991. Parallel dazu wurde der Golf II in Sonderausführung bis Mitte 1992 weitergebaut. Das »Europe«-Sondermodell war in erster Linie als attraktives Einsteiger-Modell für die neuen Bundesländer gedacht.

Baureihe:	VW Golf III
Modell:	1,9 Liter Diesel, Limousine zwei- und viertürig
Bauzeit:	1991 – 97
Motor:	4 Zylinder Reihe, wassergekühlt
Ventilsteuerung:	ohc
ccm:	1896
B x H:	79,5 x 95,5 mm
Leistung:	64 PS (47 kW) / 4400
Antrieb:	Vorderräder
Gemischaufb.:	Bosch-Einspritzung
Getriebe:	5V
Bremsen:	Scheiben v, Trommeln h
Höchstgeschw.:	158 km/h
Leergewicht:	1020 – 1045 kg
Reifen:	175/70 TR 13 oder 185/60 HR 14
Radstand:	2475 mm
L x B x H:	4020 x 1695 x 1425 mm
Anmerkungen:	Dritte Generation. Auch als Turbodiesel/TDI 1,9 Liter (75 PS).

Golf III

VR6 2.8 l / 174 PS

Zum Topmodell der neuen Volumen-Modellreihe avancierte der Golf III mit dem VR6-Motor des Passat. Auf den in der Wagenfarbe Kühlergrill wiesen die Buchstaben VR6 auf dieses Aggregat hin. Der in versetzter V-Bauweise (15-Grad-Winkel) gehaltene Sechszylinder wurde in Verbindung mit Fünfgang-Handschaltung oder Vierstufen-Getriebeautomatik angeboten (wie auch im Passat und im Vento). Es gab den Golf III VR6 als Zwei- und als Viertürer und als syncro mit dem aus dem Corrado bekannten 2,9 Liter-Motor mit 190 PS.

Baureihe:	VW Golf III
Modell:	VR6 2,8 Liter, Limousine zwei- und viertürig
Bauzeit:	1991 – 97
Motor:	VR6, wassergekühlt
Ventilsteuerung:	2 ohc
ccm:	2792
B x H:	81 x 90,3 mm
Leistung:	174 PS (128 kW) / 5800
Antrieb:	Vorderräder, EDS
Gemischaufb.:	Bosch-Motronic
Getriebe:	5V oder Automatik
Bremsen:	Scheiben v/h, ABS
Höchstgeschw.:	225 km/h
Leergewicht:	1155 – 1180 kg
Reifen:	205/50 VR 15
Radstand:	2475 mm
L x B x H :	4020 x 1710 x 1405 mm
Anmerkungen:	Topmodell der Baureihe

Golf III

Variant 1.8 l / 90 PS

Erstmals offerierte VW in der Golf-Klasse einen Kombiwagen. Er wurde im Herbst 1993 der Öffentlichkeit vorgestellt und stand in unmittelbarem Wettbewerb zum erfolgreichen Opel Astra Caravan. Der neue Golf Variant hatte einen 465 Liter großen Kofferraum, dessen Volumen sich nach Umlegen der Rücksitzbank auf 1425 Liter erweitern ließ. Auf Wunsch erhielt man den Variant mit ABS. Bis auf den 2-Liter-16V- und VR6-Motor standen alle Triebwerke des Golf-Programms zur Wahl: zuletzt sechs Ottomotoren sowie fünf Diesel-Aggregate, kombinierbar mit sechs Ausstattungspaketen. Die Preise begannen bei DM 24.960,–. Ab Dezember 1994 waren der Golf III und der Golf Variant III auch mit Allradantrieb im Programm.

Baureihe:	VW Golf III
Modell:	Variant 1,8 Liter, viertürig
Bauzeit:	1993–98
Motor:	4 Zylinder Reihe, wassergekühlt
Ventilsteuerung:	ohc
ccm:	1781
B x H:	781 x 86,4 mm
Leistung:	90 PS (66 kW) / 5500
Antrieb:	Vorderräder
Gemischaufb.:	Bosch Monomotronic
Getriebe:	5V oder Automatik
Bremsen:	Scheiben v, Trommeln h
Höchstgeschw.:	177 km/h
Leergewicht:	1115 kg
Reifen:	195/60 HR 14
Radstand:	2475 mm
L x B x H :	4340 x 1695 x 1430 mm
Anmerkungen:	Dritte Generation. Auch mit 1,4- oder 1,6-Liter-Motor bzw. 1,9-Liter Diesel/Turbodiesel sowie mit Getriebeautomatik.

Golf III

Cabriolet 1.8 l / 75 PS

Im August 1993 begann die Fertigung eines neuen VW Cabriolets auf Basis des Golf III. Nach wie vor hatte der offene Zweisitzer einen Überrollbügel; das Verdeck ließ sich fast zur Gänze versenken. Das Karosseriedesign entsprach mit seiner schlichten, sachlichen Linienführung dem der Limousine. Zur Auswahl standen der 1,8- (75 und 90 PS) und der 2,0-Liter-Vierzylindermotor (115 PS); die Preise bewegten sich zwischen DM 37.490,– und 42.950,–.

Baureihe:	VW Golf III
Modell:	Cabriolet 1,8 Liter, zweitürig
Bauzeit:	1993 – 97
Motor:	4 Zylinder Reihe, wassergekühlt
Ventilsteuerung:	ohc
ccm:	1781
B x H:	81 x 86,4 mm
Leistung:	75 PS (55 kW) / 5000
Antrieb:	Vorderräder
Gemischaufb.:	Bosch Monomotronic
Getriebe:	4V oder 5V
Bremsen:	Scheiben v, Trommel h
Höchstgeschw.:	160 km/h
Leergewicht:	1155 kg
Reifen:	185/60 HR 14 oder 195/50 HR 15
Radstand:	2475 mm
L x B x H :	4020 x 1695 x 1410 mm
Anmerkungen:	Auch mit 2,0-Liter-Motor.

Golf IV

1.6 l / 100 PS

Der Wegbereiter in der Kompaktklasse ging im August 1997 in die vierte Auflage. Der neue Golf hatte in jeder Hinsicht zugelegt, in seinen Außenabmessungen ebenso wie im Radstand. Wie schon der Passat legte auch der Golf in seiner Klasse die Meßlatte noch etwas höher; in punkto Verarbeitung, Karosseriesteifigkeit und nicht zuletzt dank der vollverzinkten Karosserie war der neue Golf der Konkurrenz voraus. Für den Golf standen zunächst fünf Benzinmotoren und drei Diesel zur Wahl, das Spektrum dabei reichte von 50 bis 110 kW. Spitzenmodell war der Golf in der GTI-Ausführung mit Turbolader: 1781 ccm mit 150 PS/110 kW und 216 km/h Spitze. Das Golf Cabrio und Variant wurden in der alten Form weitergebaut, der Variant auch dann, als das Cabrio die neue Front erhielt. Aus Kapazitätsgründen wurde auch der Variant bei Karmann in Osnabrück gebaut.

Baureihe:	VW Golf IV
Modell:	Limousine 1,6 Liter, zweitürig GTI 1.8T und viertürig; Variant
Bauzeit:	1997 –
Motor:	4 Zylinder Reihe, wassergekühlt
Ventilsteuerung:	ohc

ccm:	1595
B x H:	81 x 77,4 mm
Leistung:	100 PS (74 kW) / 5600
Antrieb:	Vorderräder
Gemischaufb.:	elektronische Einspritzung
Getriebe:	5 V oder Automatik
Bremsen:	Scheiben v/h

Höchstgeschw.:	188 km/h
Leergewicht:	1150–1200 kg
Reifen:	175/80 HR 14
Radstand:	2510 mm
L x B x H :	4150 x 1735 x 1440 mm
Anmerkungen:	Vierte Generation eines Bestsellers

Golf IV

SDI 1.9 l / 68 PS

Den neuen Golf gab es in elf möglichen Motorisierungen, den Einstieg bildete der 1,4-Liter mit 55 kW (75 PS) und Fünfgang-Schaltung. Der Sechzehnventiler war besonders sparsam und verbrauchte durchschnittlich nur 6,4 Liter auf 100 Kilometern. Neben der Basisausstattung konnten die Kunden zwischen den Ausstattungsstufen »Trendline«, »Comfortline« und »Highline« wählen. Besondere optische Akzente setzte die Version »COLOUR Concept« mit ihrer auf die Karosseriefarbe abgestimmten Lederausstattung. Für betont sportlich orientierte Golf-Fahrer war der GTI ausgelegt. Das Angebot individueller Zusatzausstattungen reichte von Klimaanlage und Regensensor bis hin zu Navigationssystemen. Hohen Bedienungskomfort bot das Multifunktionslenkrad, bei dem über Wippschalter im Lenkrad beispielsweise Radio und Tempomat bedient werden konnten.

Baureihe:	VW Golf IV
Modell:	SDI, zweitürig
Bauzeit:	1997 –
Motor:	4 Zylinder Reihe, wassergekühlt
Ventilsteuerung:	ohc
ccm:	1896
B x H:	79,5 x 95,5 mm
Leistung:	68 PS (50 kW) / 4200
Antrieb:	Vorderräder
Gemischaufb.:	Direkteinspritzung
Getriebe:	5V
Bremsen:	Scheiben v/h, ABS, EBV
Höchstgeschw.:	160 km/h
Leergewicht:	1169 kg (2-t)
Reifen:	175/80 R 14 T
Radstand:	2511 mm
L x B x H:	4149 x 1735 x 1444 mm
Anmerkungen:	Auch mit Turbodiesel und Intercooler (90 PS/66 kW)

Golf IV

GTI 2.0 l / 115 PS

An das ehemalige sportliche Aushängeschild der Volkswagen-Familie hatte schon beim Golf III nicht mehr als nur der Name erinnert; auch in der neuesten Auflage bezeichneten die drei magischen Buchstaben nicht mehr als eine bloße Ausstattungsvariante. »GTI« im Golf IV stand für Recaro-Sportsitze, ein Sportfahrwerk mit LM-Rädern und Reifen im Format 205/ 55 R 16, Zentralverriegelung, elektrische Fensterheber und ein elektrisches Schiebdach. Wahlweise mit 1,8-Liter-Turbo, VR5-Motor sowie dem 81-kW-TDI-Motor lieferbar, kam der GTI auf ein Leergewicht von rund 1300 Kilogramm.

Baureihe:	VW Golf IV
Modell:	2.0 zweitürige Limousine
Bauzeit:	2000 –
Motor:	4 Zylinder Reihe, wassergekühlt
Ventilsteuerung:	ohc
ccm:	1984
B x H:	82,5 x 92,8 mm
Leistung:	115 PS (85 kW) / 5200
Antrieb:	Vorderräder
Gemischaufb.:	elektronische Einspritzung
Getriebe:	5V oder Automatik
Bremsen:	Scheiben v/h, ABS, EBV
Höchstgeschw.:	192 km/h
Leergewicht:	1272 kg
Reifen:	195/65 R 15 T
Radstand:	2511 mm
L x B x H :	4149 x 1735 x 1444 mm
Anmerkungen:	Auch mit anderen Motorisierungen

Golf IV Variant

1.9 l Turbodiesel / 116 PS

Der zusammen mit dem Bora-Variant im Frühjahr 1999 gezeigte Kombi war mit 4.397 Millimeter Länge genau 248 Millimeter länger als die Limousine. Dieser Zuwachs auch gegenüber dem Vormodell bescherte dem Golf ein etwas größeres Gepäckabteil: Der Golf Variant hatte ein Kofferraumvolumen von 460 Litern, und wenn die Rückbank umgeklappt wurde, standen 1.470 Liter zur Verfügung. Das Motorenprogramm, das Volkswagen für den Variant anbot, entsprach im Wesentlichen dem der Limousine, war aber nicht so umfangreich, da die Top-Motorisierungen dem Bora Variant vorbehalten blieben. Wie die Limousine wurde der Kombi im Rahmen der Modellpflege ständig verbessert. So war ab September 2000 der neue starke TDI mit Pumpe-Düse-Technik lieferbar, den es mit Fünfgang-Schaltgetriebe, Fünfgang-Automatikgetriebe mit Tiptronic sowie als 4MOTION mit Sechsgang-Schaltgetriebe gab. Premiere hatte im Golf Variant des Modelljahres 2001 auch der 2,0-Liter-Benziner und Allradantrieb 4MOTION mit Haldex-Kupplung. Dieser Motor besaß einen Querstrom-Zylinderkopf und verbrauchte im Durchschnitt nur 7,9 Liter auf 100 Kilometer.

Baureihe:	VW Golf IV
Modell:	1,9 Liter Turbodiesel Pumpe-Düse
Bauzeit:	1999–
Motor:	4 Zylinder Reihe, wassergekühlt
Ventilsteuerung:	ohc
ccm:	1896
B x H:	79,5 x 95,5 mm
Leistung:	116 PS (85 kW) / 4000
Antrieb:	Vorderräder
Gemischaufb.:	Pumpe-Düse-Einspritzung
Getriebe:	5V (auch Allrad lieferbar)
Bremsen:	Scheiben v/h
Höchstgeschw.:	195 km/h
Leergewicht:	ab 1350 kg
Reifen:	175 R 14
Radstand:	2515 mm
L x B x H:	4397 x 1735 x 1470 mm
Anmerkungen:	Turbolader mit Intercooler

Golf IV

Cabriolet 1.8 l / 75 PS

Baureihe:	VW Golf IV
Modell:	Cabriolet
Bauzeit:	1993 – 1999
Motor:	4 Zylinder, Reihe, wassergekühlt
Ventilsteuerung:	ohc
ccm:	1781
B x H:	81 x 86,4 mm
Leistung:	75 PS (55 kW) / 5500
Antrieb:	Vorderräder
Gemischaufb.:	elektronische Einspritzung
Getriebe:	5V, 1R
Bremsen:	Scheiben v/h, ABS
Höchstgeschw.:	175 km/h
Leergewicht:	1155 kg
Reifen:	185/60 R 14 T
Radstand:	2472 mm
L x B x H:	4081 x 1695 x 1425 mm
Anmerkungen:	Auch mit TDI-Motor lieferbar.

Rund ein halbes Jahr nach Einführung der vierten Golf-Generation erschien zum Genfer Salon 1998 das Golf-Cabriolet in überarbeiteter Form. Bei dem offenen Viersitzer handelte es sich im Grunde genommen um das seit 1993 gebaute Modell, das durch die Golf-IV-Front und zahlreichen Ausstattungsverbesserungen wie Seitenairbags und ABS aufgewertet worden war. Die Motorenpalette umfaßte vier Benzintriebwerke von 1,8l/55 kW bis 2,0 l/85 kW sowie zwei 1,9-l-TDI-Triebwerke mit 66 bzw. 81 kw; außerdem waren für das Cabrio vier Ausstattungspakete lieferbar. In allen Ausstattungen gehörten vier Airbags, in der Höhe verstellbare Sitze für Fahrer und Beifahrer sowie ABS zum serienmäßigen Lieferumfang. Die Preisliste begann bei DM 36.970,– und reichte bis DM 52.450,– für den »Colour-Concept« mit 85 kW und Automatik.

Golf IV

Cabriolet TDI 1.8 l / 90 PS

Baureihe:	VW Golf IV
Modell:	Cabriolet TDI
Bauzeit:	2000 –
Motor:	4 Zylinder, Reihe, wassergekühlt
Ventilsteuerung:	ohc
ccm:	1781
B x H:	81 x 86,4 mm
Leistung:	90 PS (66 kW) / 5500
Antrieb:	Vorderräder
Gemischaufb.:	elektronische Einspritzung
Getriebe:	5V, 1R
Bremsen:	Scheiben v/h, ABS, EBV
Höchstgeschw.:	175 km/h
Leergewicht:	1230 kg
Reifen:	185/60 R 14 T
Radstand:	2472 mm
L x B x H :	4081 x 1695 x 1425 mm

Für das Golf Cabrio standen im Modelljahr 2001 nur noch zwei Motorvarianten, ein Benziner und ein Diesel, zur Auswahl. Bei Einführung der Modellreihe waren es noch deren sechs gewesen. Gerade auf dem Cabriomarkt stellte die Dieselversion eine Besonderheit dar; VW war der erste Hersteller gewesen, der ein Diesel-Cabrio gebaut hatte. In diesem Fall sorgte der bewährte 1,9-Liter-TDI mit 66 kW (90 PS) für Vortrieb, der drehmomentstarke Direkteinspritzer-Diesel ermöglichte Verbrauchswerte mit der fünf vor dem Komma. Der 2,0 Liter große Benzinmotor konnte wahlweise mit einem Fünfgang-Schaltgetriebe oder einem Viergang-Automatikgetriebe kombiniert werden. Lieferbar war das Golf Cabrio in den Ausstattungsstufen »Trendline«, »Comfortline«, »Highline«, »COLOUR Concept« (mit elektr. Verdeck) sowie in diversen Sonderserien wie »Classicline«, »Sportline« und »Generation«.

Jetta

1.3 l / 60 PS

In der Größe zwischen den VW-Modellen Golf und Passat angesiedelt, stellte der ab August 1979 produzierte Jetta ein neues Modell in der unteren Mittelklasse dar. Mit einer Motorisierung zwischen 1,3 und 1,6 Liter zielte er auf die Käuferschicht, die wirtschaftliche Gesichtspunkte in den Vordergrund stellte, aber auf ein Mindestmaß an Fahr- und Raumkomfort nicht verzichten wollte. Der als Zwei- und Viertürer angebotene Jetta basierte auf dem Golf, hatte aber durch seine Stufenheck-Karosserie einen größeren Kofferraum und war dadurch auch länger. Mit seinen Rechteckscheinwerfern sah der Jetta markanter aus als der Golf. Als Zweitürer kostete er DM 11.395,– (Grundpreis) und damit rund 1000 Mark mehr als ein Golf 1,1 Liter.

Baureihe:	VW Jetta
Modell:	Limousine 1,3 Liter, zwei- und viertürig
Bauzeit:	1979–84
Motor:	4 Zylinder Reihe, wassergekühlt
Ventilsteuerung:	ohc
ccm:	1272
B x H:	75 x 72 mm
Leistung:	60 PS (44 kW) / 5600
Antrieb:	Vorderräder
Gemischaufb.:	1 Solex-Vergaser
Getriebe:	4V
Bremsen:	Scheiben v, Trommel h
Höchstgeschw.:	148 km/h
Leergewicht:	785–810 kg
Reifen:	155 SR 13 oder 175/70 SR 13
Radstand:	2400 mm
L x B x H:	4190 x 1610 x 1410 mm

Jetta

1.6 l Diesel / 54 PS

Baureihe:	VW Jetta
Modell:	Limousine 1,6 Liter Diesel, zwei- und viertürig
Bauzeit:	1984–92
Motor:	4 Zylinder Reihe, wassergekühlt
Ventilsteuerung:	ohc
ccm:	1588
B x H:	76,5 x 86,4 mm
Leistung:	54 PS (39,5 kW) / 4800
Antrieb:	Vorderräder
Gemischaufb.:	Einspritzung
Getriebe:	4V oder 4V+E
Bremsen:	Scheiben v, Trommel h; Servo
Höchstgeschw.:	146 km/h
Leergewicht:	930–980 kg
Reifen:	175/70 SR 13
Radstand:	2475 mm
L x B x H:	4315 x 1665 x 1415 mm
Anmerkungen:	Auch als Turbodiesel mit 70 PS (51,5 kW). Wahlweise mit Getriebeautomatik.

Wie es seit Juli 1980 für die erste Jetta-Generation einen Dieselmotor gab, so stand auch für die zweite Generation ein Selbstzünder zur Verfügung; es war der im VW-Programm bewährte 1,6-Liter, der auch im Golf zu finden war. Den Wirbelkammer-Turbodiesel gab es für den Jetta ab Januar 1984.
Seine Daten entsprachen denen des Turbodiesel im VW Golf, wo er aber mit 10 PS Mehrleistung gelistet wurde. Der Jetta Turbodiesel in GL-Ausstattung kostete 1984 DM 21.070,–; die Auswahl umfasste inzwischen 15 verschiedene Modelle. Hierzulande reichte er nie an die Beliebtheit des Golf heran, ganz anders sah es in den USA aus: Dort avancierte der Jetta zum meistverkauften VW-Modell.

Jetta II

1.3 l / 1.8 l

Die zweite Generation des Jetta führte VW im Frühjahr 1984 ein. Es gab einige Karosserie-Retuschen, auch erhielt man die 1,8-Liter-Motorversion auf Wunsch mit Katalysator und KE-Jetronic (nach USA wurde der neue Jetta ausschließlich mit Kat geliefert). Getriebeautomatik wahlweise. Ab Juli 1987 bot VW sogar eine syncro-Version des Jetta an (nur mit dem 1,8-Liter-Einspritzmotor), und ab April 1987 gab es auch einen 196 km/h schnellen Jetta mit 1,8 Liter und 16 Ventilen (USA-Version: 2,0 16V). Das Luxusmodell lief unter dem Namen Carat. Nach der Einführung des Golf III (s. d.) lief die Produktion des Jetta aus; 1992 wurde er im VW-Programm nicht mehr aufgeführt.

Die Herren mit der Trennscheibe, die in den 80er-Jahren zahlreiche Großserienmodelle nachträglich umbauten, versuchten sich auch am Jetta – was in Anbetracht der konstruktiven Nähe zum Golf nicht weiter verwunderlich war. Die Cabrio-Bauer von Karmann köpften einen Jetta der ersten Generation, der Prototyp steht in der Werk-eigenen Sammlung. Auch das Autohaus Nordstadt, Hannover, realisierte einen entsprechenden Umbau, ebenso Luhoff in Hagen. Der Jetta II-Aufschnitt geht auf das Konto der Firma Freier in Hamburg, war ab November 1986 zu haben und passte für alle Golf und Jetta der zweiten Generation. Der Umbau kostete DM 16.000,– und wurde auch über verschiedene VW-Händler angeboten.

Baureihe:	VW Jetta II
Modell:	Limousine 1,3 Liter; 1,8 Liter, zwei- und viertürig
Bauzeit:	1984 – 92
Motor:	4 Zylinder Reihe, wassergekühlt
Ventilsteuerung:	ohc
ccm:	1781
B x H:	75 x 72; 81 x 86,4 mm
Leistung:	90 PS (66 kW) / 5200
Antrieb:	Vorderräder
Gemischaufb.:	1 Fallstrom-Registervergaser
Getriebe:	4V oder 4+E
Bremsen:	Scheiben v, Trommel h
Höchstgeschw.:	176 km/h
Leergewicht:	930 – 960 kg
Reifen:	175/70 SR 13 oder 185/60 HR 14
Radstand:	2475 mm
L x B x H:	4315 x 1665 x 1415 mm
Anmerkungen:	Auch mit 1,3- oder 1,6 Liter. Bei Kat: KE-Jetronic.

rn California

Vento

1.6 l / 90 PS

Der Vento wurde 1992 als Nachfolger des Jetta vorgestellt. Es handelte sich um einen geräumigen Viertürer mit Stufenheck. Die Bandbreite der offerierten Motoren umfaßte schon bei der Präsentation vier Benziner und zwei Diesel, 1993 kam ein Turbodieselmotor mit Direkteinspritzung (1,9 Liter, 90 PS) hinzu. Die Ausstattungsvarianten hießen CL, GL und GT und entsprachen damit denen im VW Golf. Der 1993er VW Vento CL 1,8 Liter kostete DM 25.960,– und lag damit genau zwischen den Modellen Golf und Passat. Auf den ersten Blick vom Vormodell zu unterscheiden war er durch den in Wagenfarbe lackierten Kühlergrill. In den USA wurde der Vento weiterhin als Jetta angeboten.

Baureihe:	VW Vento
Modell:	Limousine 1,6 Liter, viertürig
Bauzeit:	1992–97
Motor:	4 Zylinder Reihe, wassergekühlt
Ventilsteuerung:	ohc
ccm:	1781
B x H:	81 x 86,4 mm
Leistung:	90 PS (66 kW) / 5500
Antrieb:	Vorderräder
Gemischaufb.:	Bosch Monomotronic
Getriebe:	5V oder Automatik
Bremsen:	Scheiben v, Trommel h
Höchstgeschw.:	180 km/h
Leergewicht:	1075 kg
Reifen:	185/60 HR 14 oder 195/50 VR 15
Radstand:	2475 mm
L x B x H:	4380 x 1695 x 1425 mm
Anmerkungen:	Auch mit 2,0- und 2,8-Liter-VR6-Motor. Auf Wunsch ABS.

Vento

1.9 l TDI / 90 PS

Der für seine Wirtschaftlichkeit und Langlebigkeit gerühmte VW-Dieselmotor war im Vento ebenfalls erhältlich; ab Juni 1993 gab es auch einen Turbodiesel mit 75 PS und einen Direkteinspritzer-TDI mit 90 PS. Die mit diesem sehr sparsamen Motor versehene Vento-Limousine kosteten je nach Ausstattung zwischen DM 28.450,– und 43.350,– (1994). Die Modellpflege 1996 bescherte dem Vento eine neue Frontgestaltung im Passat-Stil sowie eine Neuordnung der Modellpalette. Die Motoren-Offensive von Volkswagen führte zur Einführung neuer Aggregate, einem leistungsgesteigerten TDI mit 81 kW (110 PS) sowie einem 1,6-l-Vierzylinder mit Schaltsaugrohr und 74 kW (100 PS). Somit standen für den Vento Benziner mit 55, 66, 74, 85, 128 kW und D- bzw. TD-Modelle mit 47, 55, 66 und 81 kW zur Verfügung. ABS bei allen Modellen serienmäßig.

Baureihe:	VW Vento
Modell:	Limousine 1,9 Liter TDI, viertürig
Bauzeit:	1993–97
Motor:	4 Zylinder Reihe, wassergekühlt
Ventilsteuerung:	ohc
ccm:	1896
B x H:	79,5 x 95,5 mm
Leistung:	90 PS (66 kW) / 4000
Antrieb:	Vorderräder
Gemischaufb.:	elektronische Einspritzung
Getriebe:	5V
Bremsen:	Scheiben v, Trommel h; Servo
Höchstgeschw.:	178 km/h
Leergewicht:	1205 kg
Reifen:	185/60 HR 14
Radstand:	2475 mm
L x B x H :	4380 x 1695 x 1425 mm
Anmerkungen:	Ab 1996 mit neuem Kühlergrill

New Beetle

2.0 l / 115 PS

Baureihe:	VW New Beetle
Modell:	Limousine, zweitürig
Bauzeit:	1998–
Motor:	4 Zylinder Reihe, wassergekühlt
Ventilsteuerung:	ohc
ccm:	1984
B x H:	82,5 x 92,8 mm
Leistung:	115 PS (85 kW) / 5400
Antrieb:	Vorderräder
Gemischaufb.:	Multipoint-Einpritzung
Getriebe:	5V oder Automatik
Bremsen:	Scheiben v/h
Höchstgeschw.:	175 km/h
Leergewicht:	1242 kg
Reifen:	205/55 HR 16
Radstand:	2513 mm
L x B x H:	4081 x 1724 x 1498 mm
Anmerkungen:	Auch mit 1,9 Liter TDI-Motor.

Die Geschichte des New Beetle begann im September 1992 auf den CAD-Bildschirmen des kalifornischen VW-Designstudios. Im Mai 1993 waren die ersten 1:4-Modelle fertig, im Januar 1994 sorgte das Beetle-Revival als Concept 1 auf der Motor Show in Detroit für Aufsehen. Es folgten Auftritte in Genf und Tokio, in Genf 1996 hieß der Wagen erstmals offiziell New Beetle. Zwei Jahre später wurde er in den USA eingeführt, im September 1998 fand er den Weg nach Europa. Zur Wahl standen ein 2,0-l-Vierzylinder-Benziner mit 85 kW/115 PS sowie ein 1,9-l-TDI mit 66 kW/90 PS. Der dem VW-Urkäfer nachempfundene Zweitürer, nur 6 cm länger als jener und hinten mit geringerer Kopffreiheit, basierte auf der Golf-Plattform. Der quer eingebaute Motor trieb die Vorderräder an, daher hatte der New Beetle den Kofferraum hinten und nicht vorn. Im Bild die New-Beetle-Studie, die auf dem Genfer Salon 1996 gezeigt wurde.

New Beetle

1.9 l Turbodiesel / 90 PS

Baureihe:	VW New Beetle TDI
Modell:	Limousine, zweitürig
Bauzeit:	1998–
Motor:	4 Zylinder Reihe, wassergekühlt
Ventilsteuerung:	ohc
ccm:	1896
B x H:	79,5 x 95,5 mm
Leistung:	90 PS (66 kW) / 3750
Antrieb:	Vorderräder
Gemischaufb.:	elektr. Einspritzung
Getriebe:	5V oder Automatik
Bremsen:	Scheiben v/h
Höchstgeschw.:	171 km/h
Leergewicht:	1248 kg
Reifen:	205/55 HR 16
Radstand:	2513 mm
L x B x H:	4081 x 1724 x 1498 mm

Der Absatz des so ganz anderen Golf blieb in Europa weit hinter den Erwartungen zurück, was die Tester in erster Linie auf die stolze Preisgestaltung zurückführten; der Golf im Käfer-Outfit kostete mindestens DM 34,950,–. Dazu kamen funktionale Mängel, die im Retro-Design begründet lagen: schlechte Übersichtlichkeit, das eingeschränkte Platzangebot hinten und der kleine Kofferraum, um nur die wichtigsten Punkte zu nennen. Für den Kult-Käfer sprachen Fahrleistungen und -verhalten, viel Platz für Fahrer und Beifahrer sowie die hohe Qualitätsanmutung. Im Gegensatz zu den anderen Modellen des VW-Konzerns war die Zahl der lieferbaren Sonderausstattungen sehr begrenzt. Ein ESP-Fahrdynamik-System war serienmäßig an Bord, gegen Aufpreis gab es Klimaanlage, Glasschiebe-/Ausstelldach, Lederausstattung, ferngesteuerte Alarmanlage sowie LM-Räder, Tempomat sowie eine Getriebeautomatik.

New Beetle

1.6 l / 100 PS

Baureihe:	VW New Beetle
Modell:	1,6 Liter T
Bauzeit:	1999 –
Motor:	4 Zylinder Reihe, wassergekühlt
Ventilsteuerung:	ohc
ccm:	1595
B x H:	81 x 77,4 mm
Leistung:	101 PS (74 kW) / 5600
Antrieb:	Vorderräder
Gemischaufb.:	elektronische Einspritzung
Getriebe:	5V
Bremsen:	Scheiben v/h, Servo, ABS
Höchstgeschw.:	178 km/h
Leergewicht:	1250 kg
Reifen:	205/55 R 16
Radstand:	2510 mm
L x B x H:	4080 x 1725 x 1500 mm
Anmerkungen:	2001 etwas leistungsstärker

Erst zum Modelljahr 2000 reagierte Volkswagen auf die schleppende Nachfrage und präsentierte den New Beetle in zwei weiteren Motorversionen. Einstiegsmotorisierung bildete nun der 1,6 T mit 74 kW/101 PS, der zum Modelljahr 2001 überarbeitet wurde und 75 kW/102 PS leistete. Die Höchstgeschwindigkeit der »Knutschkugel« lag bei rund 178 km/h, für den Sprint zur 100 km/h-Marke benötigte der 1250 kg schwere Viersitzer rund 11,7 Sekunden.

Um die Nachfrage in Deutschland zu beleben – manche Zeitungen meldeten, dass Volkswagen 10.000 unverkäufliche New Beetle wieder nach Mexiko re-importiere, um einem drohenden Imageschaden zu begrenzen – bot VW ab Juni 2000 das Sondermodell »en vogue« an. Zu den Extras gehörten Radio- und Klimaanlage, elektrische Fensterheber, eine Mittelarmlehne vorn sowie, je nach Motorisierung, LM-Räder. Serienmäßig mit an Bord waren ABS, ESP – und die Blumenvase am Armaturenbrett sowie Halteschlaufen. Ab DM 34.130,–.

New Beetle

RSi 3.2 l / 225 PS

Auf dem Genfer Salon 1999 zeigte Volkswagen eine Sportwagen-Studie auf Basis des Beetle, der im folgenden Jahr eine entsprechende Serienvariante folgte: der mit Kotflügelverbreiterungen und üppigem Spoilerwerk ausgestattete New Beetle Rsi. Er wurde in einer Auflage von 250 Exemplaren gebaut und verfügte über den bekannten VR6-Sechszylinder, dessen Hubraum für den Einsatz im Super-Käfer auf 3,2 Liter aufgestockt worden war. Die Kraft des bei 6200/min 165 kW/224 PS starken V6 übertrug ein Sechsgang-Schaltgetriebe und das Allradsystem 4MOTION mit Haldexkupplung auf die stämmigen 235er-Niederquerschnittsreifen. Im Innenraum setzten mit Leder bezogene Recaros, Carbonapplikationen und Aluteile sportliche Akzente. Der 225 km/h schnelle Maxi-Käfer beschleunigte in 6,4 Sekunden zur 100-km/h-Marke und kostete 135.930 Mark.

Baureihe:	VW New Beetle
Modell:	3,2 Liter RSi
Bauzeit:	2000 – 2001
Motor:	6 Zylinder VR 15°, wassergek.
Ventilsteuerung:	dohc, Vierventiler
ccm:	3189
B x H:	84 x 95,9 mm
Leistung:	224 PS (165 kW) / 6200
Antrieb:	Allradantrieb, permanent
Gemischaufb.:	elektronische Einspritzung
Getriebe:	6V
Bremsen:	Scheiben v/h, Servo, ABS, ESP, EBV
Höchstgeschw.:	225 km/h
Leergewicht:	1515 kg
Reifen:	235/40 R 18
Radstand:	2515 mm
L x B x H:	4100 x 1810 x 1470 mm
Anmerkungen:	nur 250 Stück

New Beetle

1.8 l Turbo / 150 PS

Mit dem 1,6-Liter führte Volkswagen für das Modelljahr 2000 eine Beetle-Variante mit 1,8-Liter-Turboaggregat und 150 PS ein. Kennzeichen des zuerst zum Genfer Salon 1999 gezeigten New Beetle war der kleine, automatisch ausfahrbare Heckspoiler. Zur IAA 1999 feierte dann der New Beetle 2,3 sein Debüt, die Topmotorisierung mit VR5-Motor und vier Ventilen pro Zylinder leistete 170 PS. Wie gehabt, erfolgte die Produktion des New Beetle im VW-Werk Puebla, dort, wo auch der originale Käfer im 21. Jahrhundert noch vom Band lief. Im ersten Produktionsjahr entstanden 74.000 Einheiten, 1999 hatte sich diese Anzahl auf 150.000 Stück mehr als verdoppelt. Allerdings wirkte sich die Krise der US-Autoindustrie auch auf den New Beetle aus: Die Absatzzahlen des Viersitzers (hinten konnten allerdings lediglich Kinder sitzen), der in der Zweiliter-Grundversion GL $ 16.425,– kostete, gingen im letzten Quartal des Jahres 2000 um fast 30 % zurück.

Baureihe:	VW New Beetle
Modell:	1,8 Liter 20V Turbo
Bauzeit:	2000 –
Motor:	4 Zylinder Reihe, wassergekühlt
Ventilsteuerung:	dohc, Fünfventier
ccm:	1781
B x H:	81 x 86,4 mm
Leistung:	150 PS (110 kW) / 5700
Antrieb:	Vorderräder
Gemischaufb.:	elektronische Einspritzung
Getriebe:	5V
Bremsen:	Scheiben v/h, Servo, ABS
Höchstgeschw.:	203 km/h
Leergewicht:	ab 1275 kg
Reifen:	185/60 R 14
Radstand:	2510 mm
L x B x H :	4080 x 1725 x 1500 mm
Anmerkungen:	Turbolader mit Intercooler

VW Bora

1.6 l / 100 PS

Baureihe:	VW Bora
Modell:	Limousine, viertürig
Bauzeit:	1998–
Motor:	4 Zylinder Reihe, wassergekühlt
Ventilsteuerung:	ohc
ccm:	1595
B x H:	81 x 77,4 mm
Leistung:	100 PS (74 kW) / 5600
Antrieb:	Vorderräder
Gemischaufb.:	Einspritzung
Getriebe:	5V, 1R
Bremsen:	Scheiben v/h, ABS
Höchstgeschw.:	188 km/h
Leergewicht:	1108 kg
Reifen:	195/65 x 15
Radstand:	2513 mm
L x B x H :	4376 x 1735 x 1446 mm
Anmerkungen:	EDS, ESP auf Wunsch. Auch mit Automatik lieferbar.

Weder Jetta noch Vento hatten in Deutschland zu den Bestsellern gehört, trotz ihrer Verwandtschaft zum Golf. Einer der Gründe lag sicher im Styling.

Der ab Spätjahr 1998 lieferbare Bora bewies zumindest optisch ein hohes Maß an Eigenständigkeit und ließ keine Erinnerungen mehr an den »Rucksack-Golf« von damals aufkommen – auch wenn der Bora in Radstand, Spurweite, Bereifung und Bodengruppe dem Golf IV entsprach. Von außen war eine Verwandtschaft mit dem sehr erfolgreichen Passat unverkennbar; das Cockpit dagegen stammte, abgesehen vom Lenkrad, aus dem Golf.

ABS war bei allen Bora-Modellen serienmäßig, ebenso wie die Front- und Seitenairbags, die Zentralverriegelung oder die vollverzinkte Karosserie. Zunächst war der Bora in drei Ausstattungsvarianten lieferbar, Basismotorisierung bildete der aus dem Golf bekannte 1,6 Liter/ 100 PS-Motor.

VW Bora

2.4 l / 150 PS

Zur Markteinführung im November 1998 standen fünf Motorvarianten bereit, zwei TDI-Triebwerke, außerdem drei Benziner. Bis zum Erscheinen des VR6 mit 204 PS im März 1999 bildete der ebenfalls im Golf verbaute VR-5 mit dem 150 PS starken 2,3-Liter-Fünfzylinder das stärkste Stück. Beim Topmodell der neuen Bora-Reihe, mit der sich VW an die BMW 3er-Klientel richtete, waren sowohl das Fahrstabilitätssystem ESP sowie eine elektronische Differenzialsperre Serie. Ähnlich ambitioniert war auch der Preis: Volkswagens neue Mittelklasse-Limousine kostete als VR5 rund 45.000 Mark und lag damit um etwa 4000 Mark über einem vergleichbaren Golf. Mittelfristig sollten der Limousine ein Coupé sowie ein Cabrio zur Seite gestellt werden.

Baureihe:	VW Bora
Modell:	Limousine, viertürig
Bauzeit:	1998–
Motor:	5 Zylinder VR-Motor, wassergekühlt
Ventilsteuerung:	ohc
ccm:	2314
B x H:	81 x 90,2 mm
Leistung:	150 PS (110 kW) / 6000
Antrieb:	Vorderräder
Gemischaufb.:	Einspritzung
Getriebe:	5V
Bremsen:	Scheiben v/h, ABS, EDS, EPS
Höchstgeschw.:	216 km/h
Leergewicht:	1227 kg
Reifen:	205/55 x 16
Radstand:	2513 mm
L x B x H:	4376 x 1735 x 1446
Anmerkungen:	5 Motorvarianten, 3 Ausstattungen lieferbar, Preise von DM 32.500,– bis DM 44.430,– (VR5 Highline).

Bora

V6 4MOTION

Zum Juni 1999 erweiterte Volkswagen die Golf-/Bora-Reihe um neue Topmodelle mit Vierventilmotor und Allradantrieb. Herzstück war der neue V6 mit 2,8 Liter Hubraum, der die Nachfolge der Zweiventil-VR6 antrat. Der kompakte Sechszylinder leistete 150 kW/204 PS bei 6200/min; die Ventilbetätigung erfolgte über Rollenschlepphebel sowie eine verstellbare Einlassnockenwelle. In die neuen Spitzenmodelle packte VW alles, was gut und teuer war: Sechsgang-Getriebe mit 4MOTION-Allradantrieb, ESP und Breitreifen der Dimension 205/55 hatten Golf wie Bora; Features wie Bordcomputer, Regensensor, automatisch abblendbarer Innenspiegel und verchromte Instrumenteneinfassungen blieben der Stufenheck-Variante vorbehalten.

Baureihe:	VW Bora
Modell:	2,8 Liter 4MOTION
Bauzeit:	1999 –
Motor:	V6, wassergekühlt
Ventilsteuerung:	dohc
ccm:	2792
B x H:	81,0 x 90,3 mm
Leistung:	204 PS (150 kW) / 6200
Antrieb:	4MOTION-Allrad permanent
Gemischaufb.:	elektronische Einspritzung
Getriebe:	6V
Bremsen:	Scheiben v/h, ABS, ESP
Höchstgeschw.:	235 km/h
Leergewicht:	1457 kg
Reifen:	205/55 R 16 W
Radstand:	2519 mm
L x B x H :	4376 x 1735 x 1444 mm
Anmerkungen:	Bodengruppe Golf IV

Bora

1.9 l TDI / 150 PS

Baureihe:	VW Bora
Modell:	1,9 Liter TDI
Bauzeit:	2000 –
Motor:	4 Zylinder Diesel TDI PDE
Ventilsteuerung:	ohc
ccm:	1896
B x H:	79,5 x 95,5 mm
Leistung:	150 PS (110 kW) / 4000
Antrieb:	Vorderräder
Gemischaufb.:	Pumpe-Düse-Direkteinspritzung EDC, Abgasturbo
Getriebe:	6V
Bremsen:	Scheiben v/h, ABS, EBV
Höchstgeschw.:	216 km/h
Leergewicht:	1330 kg
Reifen:	195/65 R 15 V
Radstand:	2513 mm
L x B x H :	4376 x 1735 x 1446 mm
Anmerkungen:	Auch mit 4Motion, Tankinhalt da 62 l (sonst 55 l).

Zum September 2000 komplettierte VW die Golf-/Bora-Palette mit zwei neuen TDI-Motoren. Beide Motoren verfügten über 1,9 Liter Hubraum und arbeiteten nach dem Pumpe-Düse-Prinzip, das eine Einspritzung des Kraftstoffs unter Hochdruck mit bis zu 2050 bar ermöglicht. Der neue TDI mit 74 kW (100 PS) löste den bewährten Direkteinspritzer-TDI mit 66 kW (90 PS) ab und bot ein gewaltiges Drehmoment von 240 Nm bei 1800/min. Das stärkste Mitglied der TDI-Motorenfamilie leistete in Golf und Bora 110 kW (150 PS), das maximale Drehmoment von 320 Nm lag bei 1900/min an. Die neuen TDI erfüllten die Schadstoffnorm EU 3. Serienmäßig kam in allen Modellen ein manuelles Fünfganggetriebe zum Einsatz, optional konnte der TDI auch mit dem 4MOTION-Antrieb und Sechsgang-Getriebe ausgestattet werden. Angeboten wurde die stärkste TDI-Variante nur in Verbindung mit der »Highline«-Ausstattung.

Bora Variant

2.0 l/115 PS

Die Edelversion des Golf-Kombiwagens, der Bora Variant, unterschied sich nicht nur in der Optik vom profaneren Bruder. So hatte dieser einen variablen Ladeboden mit zusätzlichen Staufächern unter dem Boden. Neben dem 1,6-Liter mit 77 kW (105 PS) und 16 Ventilen war ein Zweiventil-Triebwerk gleichen Hubraums mit 75 kW (102 PS) lieferbar, das ausschließlich mit Viergang-Automatik ausgestattet wurde. Der 2,0-Liter mit 85 kW (115 PS) wurde als Fronttriebler und als 4MOTION angeboten. Wie bei der Limousine stand auch für den Variant der 1,8-Liter-Turbomotor zur Verfügung, der 110 kW (150 PS) leistete und der auch mit Automatikgetriebe geliefert werden konnte, darüber hinaus gab es den Variant mit 2,3-l-V5 und 125 kW (170 PS). Bei den Selbstzündern begann das Angebot für den Bora Variant ab

September 2000 mit dem Pumpe-Düse-TDI mit 74 kW (100 PS). Alternativ dazu standen der TDI mit 81 kW (110 PS) und konventioneller Direkteinspritzung sowie der ebenfalls mit Pumpe-Düse bestückte Motor mit 85 kW (115 PS) zur Wahl. Letzterer konnte ebenso wie die 74 kW (100 PS) starke Version mit Fünfgang-Automatik und Tiptronic bestellt werden. Beide Pumpe-Düse-TDI waren auch mit dem Allradantrieb 4MOTION kombinierbar. Das Spitzenmodell dieser Baureihe stellte der V6 4MOTION für DM 52.950,– dar.

Baureihe:	VW Bora
Modell:	2,3 Liter VR 5
Bauzeit:	2000–
Motor:	6 Zylinder VR 15°, wassergek.
Ventilsteuerung:	dohc
ccm:	2324
B x H:	81 x 90,2 mm
Leistung:	150 PS (110 kW) / 6000
Antrieb:	Vorderräder

Gemischaufb.:	elektronische Einspritzung
Getriebe:	4V oder Automatik
Bremsen:	Scheiben v/h, ABS
Höchstgeschw.:	216 km/h
Leergewicht:	ab 1305 kg
Reifen:	195/65 R 15
Radstand:	2515 mm
L x B x H :	4410 x 1735 x1480 mm
Anmerkungen:	auch mit Allradantrieb (6 Gänge)

Sie laufen und laufen...

Walter Zeichner
VW Käfer und New Beetle seit 1938
Hier krabbeln sie gemeinsam, der Käfer und der New Beetle. Diese Motor-Chronik basiert auf Band 46, wurde aber erheblich erweitert und aktualisiert.
180 Seiten, 207 Bilder, davon 38 in Farbe
Bestell-Nr. 87189
DM 19,80

Stefan Doliwa, **VW Transporter**
Hier ist das unersetzliche Standardwerk über den VW-Transporter und seine Technik. Nach Modelljahren geordnet, begeistert es Restauratoren wie Fans gleichermaßen.
208 Seiten, 123 Bilder
Bestell-Nr. 02024 **DM 49,80**

Michael Steinke/Keith Seume, **VW Bus**
Die Story des VW-Transporters in Hunderten von Bildern. Von den Prototypen des Jahres 1949 bis zum Sharan, der ausgefeiltesten Form eines Busses aus Wolfsburg.
132 Seiten, 496 Bilder, davon 290 in Farbe, 5 Zeichnungen
Bestell-Nr. 02000 **DM 49,80**

David Sparrow/Andrea Sparrow
Das Käfer-Album
Der Wolfsburger Dauerläufer in all seinen Varianten: vom viersitzigen Karmann-Cabriolet bis zum Kübelwagen im Tarnanzug.
96 Seiten, 107 Farbbilder
Bestell-Nr. 01870 **DM 29,80**

Andrea Sparrow/David Sparrow
Das Bully-Album
In stimmungsvollen Bildern setzt dieses liebevoll gestaltete Buch dem legendären Bully und seinen Nachfolgern ein Denkmal.
96 Seiten, 103 Farbbilder
Bestell-Nr. 01915 **DM 29,80**

Joachim Kuch
Volkswagen Modellgeschichte Band 1
Eine Idee geht um die Welt.
256 Seiten, 247 Bilder, davon 19 in Farbe
Bestell-Nr. 01881
DM 49,80

IHRE VERLAGE FÜR AUTO-BÜCHER
Postfach 10 37 43 · 70032 Stuttgart
Telefon (0711) 210 80 65 · Telefax (0711) 210 80 70

Motor buch Verlag

Schrader Verlag

Stand März 2001 – Änderungen in Preis und Lieferfähigkeit vorbehalten